高等院校材料专业系列规划教材

U0738516

材料热力学与动力学

赵新兵◎编著

材料科学与工程
Materials Science
and Engineering

THERMODYNAMICS
AND
KINETICS
OF
MATERIALS

ZHEJIANG UNIVERSITY PRESS
浙江大学出版社

图书在版编目（CIP）数据

材料热力学与动力学 / 赵新兵编著. —杭州：浙江
大学出版社，2016.8（2025.7 重印）
 ISBN 978-7-308-16141-1

 Ⅰ．①材… Ⅱ．①赵… Ⅲ．①材料力学－热力学
②材料力学－动力学 Ⅳ．①TB301

中国版本图书馆 CIP 数据核字（2016）第 194514 号

材料热力学与动力学

赵新兵　编著

策划编辑	徐　霞（xuxia@zju.edu.cn）	
责任编辑	徐　霞	
责任校对	王元新	
封面设计	续设计	
出版发行	浙江大学出版社	
	（杭州市天目山路 148 号　邮政编码 310007）	
	（网址：http://www.zjupress.com）	
排　　版	杭州青翊图文设计有限公司	
印　　刷	杭州钱江彩色印务有限公司	
开　　本	787mm×1092mm　1/16	
印　　张	9.75	
字　　数	214 千	
版 印 次	2016 年 8 月第 1 版　2025 年 7 月第 7 次印刷	
书　　号	ISBN 978-7-308-16141-1	
定　　价	36.00 元	

内容简介

材料热力学与动力学是材料学科的专业主干课程。本书围绕平衡这个中心概念,通过对自由能与成分、温度与成分、成分与距离等关系中的热力学与动力学基本概念的重点诠释,以及对弯曲界面与纳米效应、原子随机跳跃与扩散过程、成分结构能量起伏与形核过程、界面平衡与新相生长过程、沉淀析出与调幅分解过程等典型实例的深入讨论,阐述材料热力学与动力学的本质内涵。

本书共分六章,第一章介绍了自由能与热力学平衡这两个基本概念,第二章和第三章分别讨论了与材料科学研究密切相关的相图和界面有关的热力学问题,第四章讨论了与材料动力学过程密切相关的扩散问题,第五章和第六章分别结合凝固过程和扩散控制固态相变过程中的典型例子介绍了相关的材料热力学原理与动力学机制。

材料热力学与动力学包含的内容非常丰富,本书致力于通过围绕有限主题的介绍、分析和讨论,使读者对材料热力学与动力学的科学内涵有更深入的理解。本书可作为材料学科本科生或研究生相关课程的教材或参考书,也可作为已修读物理化学和材料科学基础课程的其他读者的自学读本。

赵新兵教授简介

赵新兵，男，1956年出生于浙江海宁。1982年和1985年分别获浙江大学金属材料专业学士和硕士学位，1985年秋起在浙江大学任教，1986年考取本校在职博士研究生，1987—1990年作为中德联合培养博士研究生在德国亚琛大学（RWTH Aachen）学习，1990年回国并获浙江大学工学博士学位。1995年晋升教授，1996年起任博士生导师。曾任浙江大学材料科学与工程学系系主任（1999—2006）、教育部金属材料与冶金工程专业教学指导委员会委员（2002—2012）、国家自然科学基金委专业评审组成员、《材料科学与工程学报》主编等。现为浙江大学求是特聘教授，任国际热电学会理事（Board Member, International Thermoelectric Society）、中国材料研究学会理事兼热电材料分会主任、中国稀土学会理事兼稀土新材料专业委员会副主任、中国机械工程学会材料分会常务理事等。

主要从事半导体热电材料及其应用、锂离子电池及其正负极材料等方面研究。历年来培养毕业博士研究生30余人、硕士生50余人。先后主持2项973计划课题、1项863计划课题、10项各类国家自然科学基金项目等科研项目。发表SCI收录论文350余篇，被SCI论文他引7300余次，H因子43（截至2016年7月），获授权国家发明专利30余项，出版学术专著1部。

任教三十余年来，先后主讲研究生学位课程"材料热力学与动力学"、研究生选修课程"如何撰写材料科学论文"和本科生课程"冶金传输原理"、"数值分析与应用统计"等，主编教育部规划教材1部，并参与面向全校学生的讲座课程"材料科学概论"和教育部第一批公开视频课"新材料与社会进步"等教学工作。

前　言

　　材料热力学与动力学是材料学科的专业主干课程。作者从 2001 年开始在浙江大学材料科学与工程学院主讲"材料热力学与动力学"课程,但由于缺乏合适的教材,多年来仅仅给学生提供一些参考书目录和以图为主而文字很少的演示文稿。十多年来,虽然每年修改讲课用的演示文稿,但课程的内容框架和基本特色已逐渐形成,同时在教学思想的探索方面也有了一些收获,终于决定撰写出版这本教材。

　　爱因斯坦说过:"教育就是把在学校所学的全部忘掉之后剩下的东西。"(Education is what remains after one has forgotten everything he learned in school. [1])金庸笔下风清扬的"无招胜有招"和张三丰的需要"忘光"后才能发挥巨大威力的太极剑,都隐含了相同的意思:科学内涵是教学的根本,而讲授具体知识只是为了理解内涵。一个没学过剑术的人虽然也"无招",但显然不可能胜"有招",所以学习知识还是重要的,"无招"不是"无知"。但把自己的大脑当作储存信息的硬盘,装满了似乎有用的知识,临战时拘泥于具体招数,而不理解其中内涵,显然不可能成为"武林高手",所以科学内涵是最根本的东西。摆脱束缚才有可能创新。

　　一门课的内涵不一定只有一点。即使是同班同学,把在学校所学的忘掉之后剩下的东西也常常是不同的,因此毕业后会成为不同类型的人才。讲授同一门课程的教师,也会有基于各自理解的内涵,从而形成各有特色的教学风格。对"材料热力学与动力学"这门课程,作者所理解的内涵是"平衡"。这种平衡表现在热力学平衡态、焓与熵之间的平衡、不同相之间的平衡、两相界面处的平衡,以及外部条件(主要是温度)对平衡的影响等。

　　材料热力学与动力学包含的内容非常丰富,本书只讨论其中关于自由能、相图、界面、扩散、凝固以及扩散控制固态相变等方面的有限内容。这主要是为了把篇幅限制在对应于 30 课时左右的讲课时数,希望给教师留有充分的讲课自由度,为学生提供宽松的思考空间,而不让各种各样的公式、定理或者其他需要记忆的教条塞满大脑。因此,本书不追求内容的完整性,而致力于通过围绕有限主题的介绍、分析和讨论,使读者对材料热力学与动力学的科学内涵有更深入的理解。

　　本书核心内容可概括为:1 个中心概念(平衡)、2 个基本公式(自由能定义式 $G=H-TS$、阿伦尼乌斯公式 $D=D_0\,\mathrm{e}^{-Q/(RT)}$)、3 张重要关系图(自由能-成分关系图、温度-成分关系图、成分-距离关系图)、4 个基础变量(自由能、成分、温度、距离),以及 5 个典型实例

---

[1]　http://www.quotecollection.com/author/albert-einstein/5/.

（弯曲界面与纳米效应、原子随机跳跃与扩散过程、成分结构能量起伏与形核过程、界面平衡与新相生长过程、沉淀析出与调幅分解过程）。

本书公式推导比较少。前人已经推导了 5 亿多个热力学公式，并发表于各种相关教科书或者论文中。作者自忖没有能力推导新的公式，同时似乎也没有必要在本书中花费空间重复本书所涉及的全部公式的推导。大多数情况下，取而代之的是使用曲线图及其几何关系说明相关的问题。这既是为了更直观地分析问题，也是希望从一个与其他教科书不同的角度来讨论问题，由此或许可给读者一些新的启发。本书每章后面提供了少量思考题，但这些不是应付考试的练习题，有的甚至可能没有标准答案，仅供读者进一步思考，以求加深对材料热力学与动力学科学内涵的理解。

本书可作为材料学科本科生或研究生相关课程的教材或参考书，也可作为已修读物理化学和材料科学基础课程的其他读者的自学读本。

本书的出版获得了浙江大学本科生院和材料科学与工程学院的支持，选修作者"材料热力学与动力学"课程的一百多名 2015 级研究生作为本书初稿的读者提供了许多有益的修改建议，浙江大学金属材料研究所退休教师刘庆元先生提供的早年讲义和教学心得也使作者受益匪浅，谨在此一并表示衷心感谢。受作者学识和时间所限，书中的不足与谬误料难避免，恳请读者不吝赐教指正。

作　者

2016 年 4 月

目　　录

第 1 章

自由能与热力学平衡

热力学告诉我们一个过程在发生某种反应时的方向,与这个方向相反的过程是不可能发生的。因此,热力学可以准确地预测某个过程"不可能"发生,例如,热不可能自发地从低温区流向高温区(热力学第二定律的克劳修斯表述)。但热力学并不能预测某个过程在特定条件下"一定会"发生,例如,在室温条件下,偏离热力学平衡态的玻璃几乎可以永远保持其原子排列长程无序这种热力学非平衡态。

事实上,我们看到的大部分系统(如果不是所有系统),都或多或少地偏离热力学平衡态。因此,在应用热力学原理时,必须明白我们所讨论的系统常常是处于非平衡态的。而热力学的价值在于指出系统往最终平衡态发展的方向,评估系统偏离平衡态的程度,并在此基础上构建描述系统变化过程的动力学模型。

1.1 热力学基础

1.1.1 热力学函数

表征一个系统的主要热力学参数有:温度(T)、压强(p)、体积(V)、内能(U)、热焓(H)、熵(S)、等压自由能(G)等。各种热力学参数之间可以建立 521631180 个关系式。有人认为这为热力学函数的计算提供了很大的便利,当然在数亿个关系式中"找到"某个合适的公式,显然也是一件令人头痛的事情。幸运的是,我们通常只需要记忆少数几个关键的热力学公式,而更重要的是理解那些热力学函数的意义。

有关热力学函数的一个重要概念是"状态函数"。状态函数是一类完全由系统所处状态决定,而与到达该状态途径无关的函数。例如,H、S、G 都是状态函数,而系统与环境之间交换的热量 Q 不是状态函数。热力学状态函数的这种性质为研究问题提供了许多方便,其中一个典型例子是过冷液体在绝热环境下的凝固行为。

常压下锡的熔点是 505K,假设将温度为 495K 的过冷锡液体放在一个绝热容器内,过冷锡液体发生凝固时放出的潜热将导致系统温度上升。如果全部过冷液体凝固所放出的热量不足以将系统温度上升到熔点 505K 以上,则系统终态为 495K 至 505K 之间某个温度的固态。如果只需一部分液体凝固放出的热量就能将系统温度提高到熔点 505K,则系统终态为505K的液固两相。为了求解这个问题,不妨先假设系统发生部分凝固,并设系统有1mol原子,其中 x mol发生凝固,系统最终温度为505K。如果计算结果是 $x=1$,则再根据热量平衡计算系统的最终温度。

如图1.1所示,系统由状态A在绝热条件下进行到状态C,其实际过程的途径可能是A、C两点之间的某一条复杂路径。但由于问题所涉及的参数,如温度、凝固分数、焓(绝热过程焓值保持不变)都是状态函数,故可不考虑实际过程的具体途径。由于标准状态(熔点温度)下锡液凝固放出的热量可从相关手册中查到,所以我们假设系统沿 A→B→C路线进行,即所有过冷液体先升温到熔点505K(过程 A→B),然后在温度为505K的标准状态下凝固 x mol(过程 B→C)。由于系统绝热,因此液体升温时(A→B)系统所需吸收的热量应等于 x mol液体在505K凝固时(B→C)所放出的热量,即:

$$\Delta H_{(A\to B)} = -\Delta H_{(B\to C)}$$

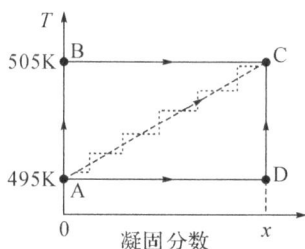

图1.1 过冷锡的凝固路线

已知锡在熔点505K时的熔化热为7071J/mol,液态和固态锡的等压比热分别为 $C_{p(l)}=34.7-9.2\times10^{-3}T$ 和 $C_{p(s)}=18.5+2.6\times10^{-2}T$,单位都是 $J/(mol\cdot K)$。由于

$$\begin{aligned}
\Delta H_{(A\to B)} &= \int_{495}^{505} C_{p(l)}\,dT \\
&= 34.7\times(505-495)-\frac{9.2}{2}\times10^{-3}\times(505^2-495^2) \\
&= 347-4.6\times10^{-3}\times10000 = 301(J)
\end{aligned}$$

$$\Delta H_{(B\to C)} = -7071x(J)$$

因此,$x=301/7071\approx0.0426$,即大约有4.26%的锡将凝固。

也可以假设系统沿 A→D→C的路径进行,即 x mol的495K过冷液体凝固放热量等于 x mol固体和 $(1-x)$ mol液体从495K升温到505K时的吸热量,计算 x 值。但由于我们只知道锡在505K时的熔化热,而不同温度下的熔化热是不相等的,因此必须沿图1.1中 A→B→C→D的途径计算495K时的过冷液体凝固放热,即:

$$\begin{aligned}
\Delta H_m(495K) &= \int_{495}^{505} C_{p(l)}\,dT + \Delta H_m(505K) + \int_{505}^{495} C_{p(s)}\,dT \\
&= -7088(J/mol)
\end{aligned}$$

但是,热力学研究方法上的这种方便性也为它带来某种局限性,即热力学仅仅讨论一个过程的进行是否"有可能",而不考虑实际上是否会进行。如图1.2所示,水槽A高于水槽 B,两槽之间由 U 形管连接。"水从 A 槽流向 B 槽"这个过程在热力学上是可能的。但事实上,由于 U 形管最高点 C 高于水槽 A 的水平面,水将不会自动地从 A 槽流向 B 槽,除非水能跨越能垒 h_b,即一个热力学上可能发生的事件还需要一个"激活"过程。这通常是通过局部的能量起伏来实现的。例如,假设我们在图 1.2 的 A 槽中放置一个搅拌器,使 A 槽中的水产生波浪,一旦涌起的水高于 C 点而越过能垒 h_b,则以后"水从 A 槽流向 B 槽"这个过程就会自动进行下去了。

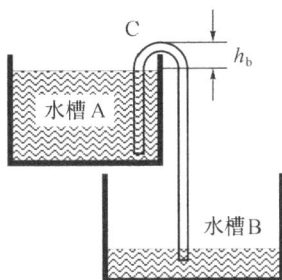

图 1.2　可能性与可行性

1.1.2　热力学定律

热力学第一定律表述为:一个系统及其环境的总能量在任何过程中保持不变。热力学第一定律体现了能量守恒原则,即能量可以从一种形式转变为另一种形式,但既不能被创造,也不能被消除。

热力学第一定律的数学表达式为:

$$\Delta U = Q - W \tag{1.1}$$

其含义是:系统内能的上升 ΔU 来源于其从环境吸收的热量 Q 减去对外做功 W,或者说系统吸收的热量可以用于增加系统内能或用于对外做功。

反过来,外部对系统所做的功也可被转换为系统内能的上升。图 1.3 是焦耳(James Joule,1818—1889)设计的热功转换实验装置示意图。在该装置中,重锤下降牵引搅拌器转动,从而对绝热系统中的液体做功。外部对系统所做的功 W 可根据重锤的质量和位移计算,系统内能变化 ΔU 可通过测量系统中液体温度的上升,根据液体容量和比热计算得到。焦耳根据这个实验,确定了两种能量表现形式(热、功)之间的单位换算关系,即:1 卡≈4.184 焦耳。

体系与环境交换的热量与体系温度变化之比称为"热容量":

$$C = \frac{dQ}{dT} \tag{1.2}$$

热容量 C 不是状态函数。凝固时体系放热但温度不变,C 为 $-\infty$;而熔化过程为等温吸热过程,C 为 $+\infty$。热容量是一个外延量,因此常用单位体系的热容量,例如摩尔比热。在等容或等压条件下的比热又分别称为等容比热 C_V 或等压比热 C_p。任何物体的 C_p 都大于 C_V,这是因为等容时系统所吸收的热量都用于提高温度,而等压时系统所吸收的一部分热量被用于推动系统的体积膨胀。由于物体热胀冷缩的原因,凝聚态物体在温度变

图 1.3　热功转换装置和焦耳

化时都会发生体积的变化。所以在材料研究中，通常使用等压热力学函数，如等压比热 C_p、热焓 H、等压自由能 G 等。

　　在讨论热力学第一定律时，常常会提到永动机（perpetual machine，或 perpetual motion）。几百年来，一直有人试图设计或制造各种形式的永动机。图 1.4(a)是 1618 年设计的"螺旋桨"（water screw）永动机，被普遍认为是最早的永动机设计方案。在这个设计中，上部水槽中的水流下来驱动水轮[见图 1.4(a)左下部]旋转，通过一些复杂的齿轮螺杆传动装置，最后利用阿基米德式螺旋抽水机[Archimedes' screw，见图 1.4(a)下中部到上偏右部]将水再提升到上部水槽中。在这个过程中，水流还同时驱动图 1.4(a)中右部上下两个轮子旋转，用于为磨粉机或其他机械提供动力。尽管永动机从未成功运行过，但在很长时间内吸引了许多人的研究，1920 年 10 月期的《大众科学》（*Popular Science*）期刊甚至把一种利用杠杆长度变化实现永久转动的装置作为封面图片[见图 1.4(b)]。

(a)"螺旋桨"永动机　　　　　　　　(b)"质量杠杆永动机"

图 1.4　"螺旋桨"永动机和"质量杠杆"永动机

　　尽管我们已经知道,这种违背热力学定律的设计是不可能实现的,但在这种徒劳的努力中,形成了许多机械设计方面的新思路和加工技术方面的进步。这些对其他领域具有一定的借鉴参考价值和技术促进作用。

　　热力学第二定律表述为:一个隔离系统的熵值不能减小。因此,热力学第二定律也被称为熵恒增定律。

　　热力学第二定律有一些不同的表述。克劳修斯(Rudolf Clausius,1822—1888)把热力学第二定律表述为:热不可能自发地从低温区流向高温区。普朗克(Max Planck,1858—1947)则表述为:如果一个过程的唯一结果只是把热转换为功,则这个过程是不可能实现的。

　　卡诺(Sadi Carnot,1796—1832)有关热功转换效率方面的贡献,在热力学发展历史上占据一个重要地位。如图 1.5 所示,热机从温度 T_H 的热源中获得热量 Q_H,把其中一部分转换为对外输出的功 W,另一部分 Q_C 释放到温度 T_C 的冷阱中,其中 $T_H > T_C$。

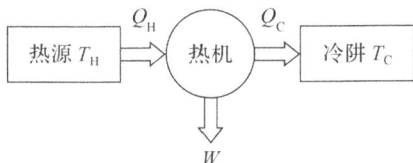

图 1.5　热功转换系统

　　在这个过程中,热源和冷阱的熵变化量分别为 $\Delta S_H = -Q_H/T_H$ 和 $\Delta S_C = Q_C/T_C$,热机吸收的热量 Q_H 等于输出热量和功之和 $Q_C + W$,所以热机熵变化量为零。根据热力学第二定律,这个热功转换过程中总的熵变化量:

$$\Delta S = \Delta S_H + \Delta S_C = -Q_H/T_H + Q_C/T_C \geqslant 0 \tag{1.3}$$

即必须有 $Q_C/T_C \geqslant Q_H/T_H$。因此,热机的热功转换效率:

$$\eta = W/Q_H = (Q_H - Q_C)/Q_H \leqslant (T_H - T_C)/T_H \tag{1.4}$$

　　上述分析表明,热机的最大效率为 $(T_H - T_C)/T_H$。这个效率对应于整个系统熵变化量为零的情况,是由热力学第二定律决定的热功转换最高效率,一般称为卡诺效率,即:

$$\eta_{Carnot} = \Delta T/T_H \tag{1.5}$$

　　由此我们看到,热机吸收的热不可能全部转换为功,必然有一部分从高温热能(来源于温度较高的热源)转变为低温热能(被温度较低的冷阱吸纳)。

　　历史上,除了如图 1.4 所示的那些希望无中生有获得能量的永动机以外,还有一类希望把吸收的热量完全转换为功的永动机。这类永动机(一般称为第二类永动机)虽然不违反热力学第一定律,但不符合热力学第二定律。热力学第二定律的普朗克表述更直接地否定了第二类永动机。

　　热力学第三定律表述为:内部完全平衡的均匀相在绝对零度时的熵值为零。这个定律是能斯特(Walther Hermann Nernst,1864—1941)在 1906 年提出来的,因此又被称为能斯特定律。

热力学第二定律和第三定律的核心都是熵,反映了熵在热力学中的中心地位。熵的概念由德国物理学家克劳修斯首先提出,并定义为一个恒温可逆过程中系统吸收的热量与温度之商。后来奥地利物理学家玻尔兹曼(Ludwig Eduard Boltzmann,1844—1906)发现熵与系统中的微观状态数 Ω 有关,并给出了熵的统计热力学表达式:

$$S = k\ln\Omega \tag{1.6}$$

其中,k 是玻尔兹曼常数,$k = 1.380658 \times 10^{-23}$ J/K。位于奥地利首都维也纳郊区 Simmering 的维也纳中央公墓(Wiener Zentralfriedhof)有一座玻尔兹曼墓(见图 1.6),其墓碑上的铭文就是熵的统计热力学表达式,反映了玻尔兹曼这一贡献的学术价值和历史地位。

图 1.6　位于维也纳中央公墓的玻尔兹曼墓

热力学三大定律相互关联,反映了所有自然过程的本质。热力学第一定律告诉我们,在任何一个过程中,总的能量是守恒的。系统从环境中所获取的热能等于对外做功与系统内能增量之和。而热力学第二定律进一步指出,系统所获取的热能不可能全部转换为对外做功。如果我们假设图 1.5 中的冷阱是一个给定容量的储热装置,并将其和热机合并作为我们考察的系统,则系统从环境(热源)获得的热能,除了一部分用于对外做功以外,另一部分被储存在系统(冷阱)中,增加系统内能。如果不涉及相变过程,则系统内能的上升,在宏观上表现为温度上升,在微观上表现为混乱度的增加。玻尔兹曼公式(1.6)中的微观状态数 Ω 就是这种混乱度的定量描述。内部完全平衡的均匀相在绝对零度时只有一种可能的微观状态,即 $\Omega = 1$,根据(1.6)式,此时系统的熵 $S = 0$。这就是热力学第三定律。

1.1.3　吉布斯自由能

在研究热力学问题时,我们常常希望预测一个过程能否自发进行,或者预测一个反应的方向。显然,热力学第一定律和第三定律都不涉及对过程进行的方向的判断,热力学第二定律(熵恒增定律)也只能适用于隔离系统。为此需要引进一个适用于和环境之间存在能量交换的普通热力学系统的过程作为判据。

假设在恒温恒压条件下的某个过程中,系统与环境交换的能量为 $\Delta H = \Delta U + p\Delta V$[①],系统的熵变化为 ΔS,而环境的熵变化量为 $\Delta S_{surr} = \Delta H_{surr}/T = -\Delta H/T$。根据热力学第二定律,这个过程能够自发进行的判据是系统和环境熵变化量之和大于零,即:

$$\Delta S_{total} = \Delta S + \Delta S_{surr} = \Delta S - \Delta H/T > 0$$

也就是要求:

$$\Delta H - T\Delta S < 0 \tag{1.7}$$

美国科学家吉布斯(Josiah Gibbs,1839—1903)定义了一个新的热力学函数,即吉布斯自由能:

$$G = H - TS \tag{1.8}$$

在恒温条件下,对(1.8)式两边取微分,得到:

$$\Delta G = \Delta H - T\Delta S \tag{1.9}$$

由(1.7)式和(1.9)式可以看到,如果一个恒温恒压过程的 $\Delta G < 0$,则这个过程能够自发进行;如果 $\Delta G > 0$,则这个过程将反向进行;而若 $\Delta G = 0$,则不会有反应发生(系统处于平衡状态)。

由(1.8)式定义的吉布斯自由能 G,和焓 H、熵 S 一样,也是一个状态函数。吉布斯自由能的计算不涉及环境参数,为预测一个恒温恒压过程是否自发进行,或者一个反应自发进行的方向,提供了很大的便利。

在热力学中,除了吉布斯自由能以外,还有一个描述等温等容过程的自由能函数,亥姆霍兹自由能[②]:$A = U - TS$。

1.2　平衡的概念

上一节公式(1.8)定义的自由能 G、焓 H、熵 S 这三个热力学状态函数之间的关系式,是材料热力学中最重要的一个公式(没有"之一")。掌握(1.8)式的本质概念,或者利用(1.9)式判断一个过程能否自发进行,关键在于理解焓 H 和熵 S 之间的平衡。

本节将通过几个例子讨论 H 和 S 的平衡。

---

① 在恒温恒压过程中,这里的 H 实际上对应于(1.1)式中的 Q,$p\Delta V$ 就是体积功 W。

② 自由能在不同的学科中常常有不同的定义,而且所用的字母也存在一些混乱。例如,在与材料科学研究相关的过程中,受热胀冷缩影响很难保持系统的体积不变,因此常用吉布斯自由能。而在气体系统的反应过程中常用亥姆霍兹自由能。此外,由于亥姆霍兹自由能和正则系统的配分函数相关联,在物理学研究中也常用亥姆霍兹自由能。在早期的化学著作中,自由能指的是吉布斯自由能,而物理学著作中则指的是亥姆霍兹自由能,但它们都用 F 表示。为避免概念混淆,现在一般以 G 表示吉布斯自由能,以 A 表示亥姆霍兹自由能,避免使用 F。本书不涉及亥姆霍兹自由能,因此把吉布斯自由能简称为自由能,用 G 表示。

1.2.1　晶体中的平衡空位浓度

原子空位是晶体中普遍存在的点缺陷。空位缺陷的存在,一方面会在晶体内部形成断键,并导致空位附近晶体点阵发生畸变,使得系统能量(热焓)H 的上升;另一方面,空位可占据点阵中的不同位置,使原子排列混乱度上升,同时空位附近原子的热振动振幅可能增加而频率可能下降,从而提高系统的组态熵 S_c 和振动熵 S_f。系统在给定温度 T 时的"平衡空位浓度"将由焓和熵之间的平衡决定。

假设所讨论的晶体中包含 N 个原子,在温度 T 时存在 n 个空位,并假设形成一个空位使系统能量上升 E_v,振动熵上升 ΔS_f。

引入 n 个空位导致的系统组态熵变化量 ΔS_c 可根据统计热力学计算:

$$\Delta S_c = k\ln\Omega = k\ln[(N+n)! /(N! \, n!)]$$
$$= k[\ln(N+n)! - \ln N! - \ln n!]$$

由于这里的 N 和 n 都很大($\gg 10$),可用 Stirling 近似公式 $\ln x! \approx x\ln x - x$ 简化:

$$\Delta S_c = k[(N+n)\ln(N+n) - (N+n) - N\ln N + N - n\ln n + n]$$
$$= k[(N+n)\ln(N+n) - N\ln N - n\ln n]$$

系统的自由能变化量为:

$$\Delta G = nE_v - T(\Delta S_c + n\Delta S_f)$$
$$= n(E_v - T\Delta S_f) - kT[(N+n)\ln(N+n) - N\ln N - n\ln n]$$

当 $\dfrac{\partial \Delta G}{\partial n} = 0$ 时,自由能为最小值,系统中的空位数量达到平衡浓度,此时:

$$\left(\frac{\partial \Delta G}{\partial n}\right)_T = E_v - T\Delta S_f - kT[\ln(N+n) - \ln n] = 0$$

实际晶体中空位数量显然远远少于原子数量,即 $N \gg n$,故 $\ln(N+n) \approx \ln N$。因此:$kT(\ln N - \ln n) = E_v - T\Delta S_f$。由此得到平衡空位浓度:

$$C = \frac{n}{N} = \exp\left(\frac{\Delta S_f}{k}\right) \cdot \exp\left(-\frac{E_v}{kT}\right) = A\exp\left(-\frac{E_v}{kT}\right) \tag{1.10}$$

其中,A 是与振动熵相关的一个系数。

有关平衡空位浓度的讨论,需要指出以下两点:

第一,(1.10)式在形式上与阿伦尼乌斯(Arrhenius)方程相仿。虽然我们更熟悉计算扩散系数随温度变化的阿伦尼乌斯公式,但实际上所有与热激活相关的过程,都表现出类似的特征,即包含一个"负指数"的指数函数,其中的指数是某个能量函数与 kT[或者 RT,其中 R 是气体常数,$R = 8.314510$ J/(mol·K)]的商。[①] 这说明晶体中的空位缺陷也是一个与热激活相关的过程。

第二,晶体中的空位浓度是内能和熵之间的平衡产物。既为"平衡",平衡双方的作用

[①]　在这里使用 k 还是 R 取决于分子的量纲。如果分子是一个原子的能量,则使用 k;如果是单位摩尔的能量,则应该用 R。基本原则是函数的自变量必须是无量纲数。

必然是相反的。能量因素不希望形成更多的空位,而熵的因素却希望形成更多空位。[1]
根据自由能定义式(1.8),在 H 和 S 的这种平衡中,温度 T 是 S 的"加权系数"。温度越高,则熵的作用越显著,因此空位浓度越高。

1.2.2　相界面处的平衡成分

相之间的平衡是材料热力学与动力学的一个重要概念。所谓"相",是指材料中一个具有明确界面使其可在物理、化学和机械性质方面与周边区域分隔的一个区域。

在上述关于相的定义中,我们特意删去了许多教科书中提到的"成分均匀"的描述。这是因为在一块材料的同一个相中可以存在化学成分的差异,虽然这种成分差异在空间上是连续变化的。事实上,同一个相中存在的成分差异,也是扩散的基本条件。

图 1.7 是一个反映扩散过程中相界面处平衡的例子。将足够细和足够长的一根纯 Fe 棒和一根纯 Ni 棒对接,在 T_0 温度下经过长时间热处理后,由于 Fe 原子和 Ni 原子的双向扩散与反应,在 Fe 棒和 Ni 棒的对接处将形成金属间化合物 ξ-(FeNi$_3$) 相。这时,金属棒中(见图 1.7 右侧下部)存在 α-(Fe) 固溶体、ξ-(FeNi$_3$)金属间化合物、γ-(Ni) 固溶体三个相以及相应的 α-ξ 相界面和 ξ-γ 相界面。图 1.7 左侧是旋转 90° 的 Fe-Ni 二元相图(固态温度部分),图 1.7 右侧上部为这根细长棒沿长度方向的成分分布曲线示意图。[2]

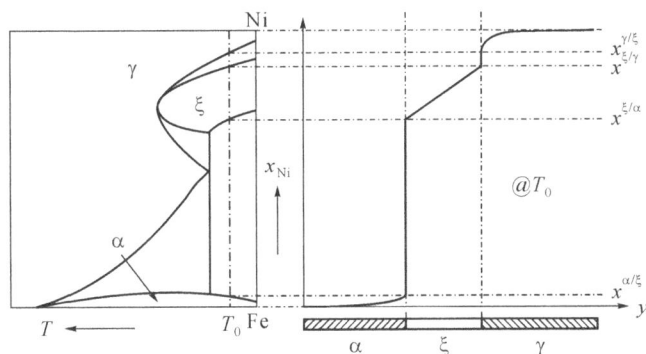

图 1.7　Fe-Ni 相图(固态部分)和反映相界面处平衡的成分分布曲线

这里我们注意到,图 1.7 所示的状态还不是系统的平衡状态,因为在金属细棒中还存在化学成分的差异,即使在同一个相内部,沿细棒长度方向的化学成分也是不同的,由此导致的扩散还在继续进行中。但是,在未到达整体平衡的系统中,存在着局部的平衡关

---

[1]　理论上,熵在空位浓度为 50% 时达到最高值。但在(1.10)式的推导过程中,已经假设了 $N \gg n$,所以这里的讨论实际上限制了空位浓度。对实际晶体而言,空位浓度也不可能接近 50% 水平。

[2]　图 1.7 中有一些反映本书特殊风格的表述形式。其一,本书经常使用旋转 90° 的相图(特别是在讨论扩散问题时),目的是使相图的成分坐标和成分分布图一样作为纵坐标,以便于直观分析。其二,在本书中统一用字母 x 表示摩尔成分($0 \leqslant x \leqslant 1$),为避免混淆,距离变量统一用字母 y 表示。其三,本书用 $x^{\alpha/\beta}$ 表示 α 相在与 β 相相邻界面处的成分,即上标中斜杠"/"前面为表示成分的相,后面为相邻的那个相。

系,即由平衡相图决定的各个相在界面处的成分。例如,在 α 相左边足够远处,Ni 含量为 $x \sim 0$,在 α 相靠近 ξ 相界面处的成分为 $x^{\alpha/\xi}$。同样,在 ξ 相中,靠近 α 相界面处的成分 $x^{\xi/\alpha}$、靠近 γ 相界面处的成分 $x^{\xi/\gamma}$ 以及 γ 相中靠近 ξ 相的成分 $x^{\gamma/\xi}$ 都是由平衡相图确定的。为体现相界面成分的这种特征,我们常称其为"相界面平衡成分"。在多相体系的恒温扩散过程中,只要相关的相存在,这种相界面处的化学成分平衡就始终保持,不随扩散过程的进行而改变,当然界面在扩散过程中始终在迁移。

在上面的讨论中,我们看到了"平衡状态"和"动态过程"的统一。图 1.7 左侧的相图描述的是一种热力学的平衡状态,而右侧的成分分布图描述的是一个动力学过程(扩散过程)的瞬态。在整体成分分布远未达到平衡的情况下,相界面等特征局部成分却始终维持在由相图确定的平衡成分。这既反映了热力学与动力学的统一,也从一个侧面突出显示了平衡相图在材料科学研究中的意义和价值。

1.2.3　相变过程的平衡

材料的相结构会随着温度的变化而发生转变,即相变。例如,纯铁在室温时是体心立方的 α 相,温度上升到 912℃ 时会转变为面心立方的 γ 相,继续升温到 1394℃ 时又转变为体心立方的 δ 相,在 1538℃ 时发生熔化。

假设某材料在 T_0 温度存在相变,T_0 温度以下的稳定相是低温相 L,而 T_0 以上是高温相 H。两相自由能随温度变化的示意曲线如图 1.8(a)所示,在 T_0 以下 G_L 较低,而在 T_0 以上 G_H 较低,或者说在 T_0 附近高温相自由能曲线随温度变化的趋势更陡。由于自由能随温度变化斜率为 $\left(\frac{\partial G}{\partial T}\right)_p = -S$,所以在 T_0 附近高温相的熵更大。在两相平衡温度 T_0 处,高温相和低温相的自由能相等,即 $G_H = G_L$ 或 $H_H - T_0 S_H = H_L - T_0 S_L$。此时,$S_H > S_L$ 意味着高温相具有比低温相更高的热焓:$H_H > H_L$。图 1.8(b)和(c)中分别示意画出了两相的熵和焓随温度变化的曲线。

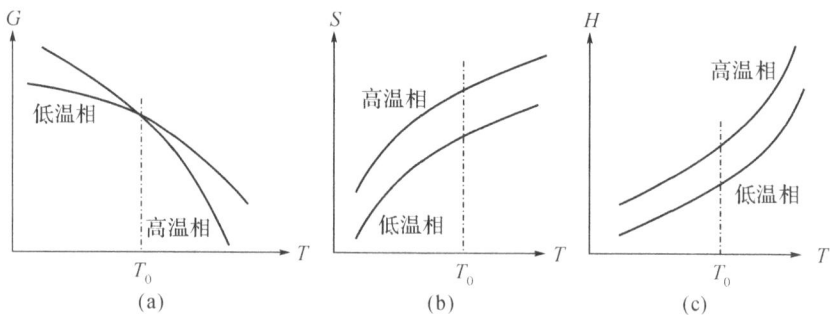

图 1.8　高温相和低温相的热力学函数示意曲线

需要注意的是,在上述讨论分析中,我们没有限定具体的材料体系和哪一对高低温相,因此得到的结论具有普适性。对任意一种成分确定的材料,在相同温度和压强等外部条件下,高温相具有比低温相更大的熵和焓,或者说高温相具有比低温相更弱的原子间结合键和更大的原子状态混乱度。

从自由能定义式(1.8)理解材料发生相变的热力学原因在于熵对自由能的贡献是以温度作为权重的($G=H-TS$)。在低温时,由于 T 相对较小,增加 S 对降低 G 的贡献不显著,因此系统倾向于维持 H 较低(原子间结合力较强、原子活动自由度较小)的低温相。反之,当温度较高时,S 的作用更为显著,从而倾向于形成虽然 H 较大(原子间结合较弱),但 S 也较大(原子状态混乱度较高)的高温相。

在同一物质的固、液、气三相中,气态下原子(或分子)间的相互结合几乎被完全破坏,系统内能很高,同时在等压条件下系统的体积也很大,所以在相同的温度、压强条件下,气体的焓显著高于凝聚态相。但同时,气态下原子(或分子)的活动空间和混乱度也比凝聚态高得多,所以,只要温度足够高(T 足够大),熵将起主导作用,物质将处于气相状态。

1.3　二元体系概述

如果把 A、B 两种元素放在一起,在平衡状态下一般可能有两种情况:一是 A、B 之间发生反应形成某种化合物,二是 A、B 之间形成溶液(我们把固溶体也称为溶液)。这两种情况下,实际上 A、B 原子都发生了空间位置上的"混合",其差异在于在化合物中 A、B 原子的配位是基本固定的,而在溶液中不同原子的空间位置是随机的。

A、B 两种元素混合后是形成化合物还是形成溶液,与元素的原子电负性、外层电子、原子尺寸、晶体结构等本质特性相关,与温度、压强等环境条件有关,也与 A、B 两种物质的相对含量有关。例如,在图 1.9 中,在 1100℃时,如果 Fe 中含有大约 2wt% 的 C,则可形成 Fe-C 固溶体(面心立方结构的 γ 相);但如果 C 含量更高,则超过固溶度极限的那部分 C 就将和 Fe 反应形成金属间化合物 Fe_3C。在较低的温度下,如 700℃ 左右,则 Fe 固溶体(此时为体心立方的 α 相)中可容纳的 C 含量将只有 0.02wt% 左右。

1.3.1　溶液模型

不同元素混合以后的平衡状态,取决于以不同形式混合后的自由能变化。假设 x_A 摩尔的 A 和 x_B 摩尔的 B($x_A+x_B=1$)混合为 1 摩尔的 A＋B 溶液,则混合后系统自由能的变化 ΔG_{mix} 为(其中下标 mix 表示混合):

$$\Delta G_{mix} = \Delta H_{mix} - T\Delta S_{mix} \tag{1.11}$$

对不同的实际溶液,混合后热焓和熵的变化各有不同。为了简化讨论,前人提出了一些简化假设,其中最主要的是理想溶液模型和规则溶液模型。

1. 理想溶液模型

理想溶液定义为溶液的混合热为零,混合熵等于原子配位熵,即:

$$\Delta H_{mix} = 0, \qquad \Delta S_{mix} = -R\,(x_A \ln x_A + x_B \ln x_B) \tag{1.12}$$

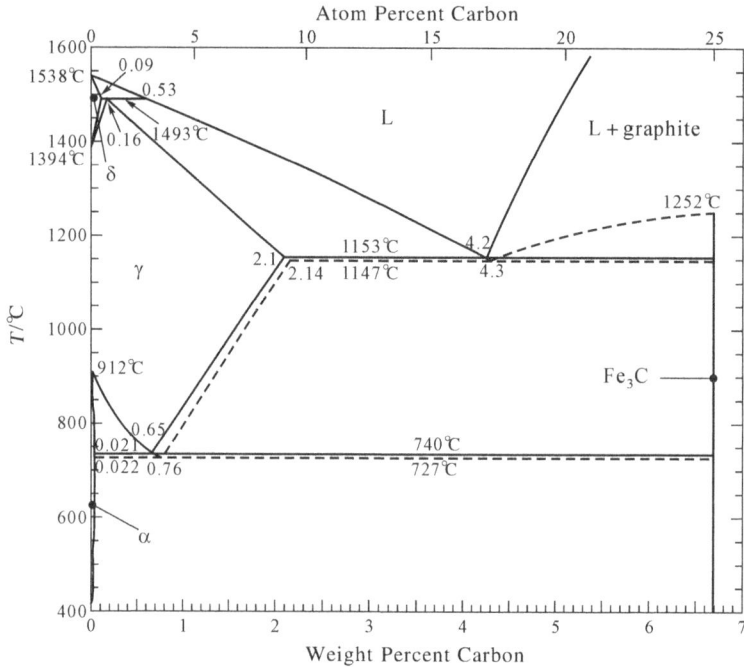

图 1.9　Fe-C 相图局部(虚线是 Fe-Fe₃C 平衡)

因此，

$$\Delta G_{mix} = RT(x_A \ln x_A + x_B \ln x_B) \tag{1.13}$$

我们注意到，由于 x_A 和 x_B 的取值都在 $0 \sim 1$，$\ln x_A$ 和 $\ln x_B$ 都是负值(极端情况下其中一个等于零，而另一个为 $-\infty$)，因此理想溶液的 $\Delta S_{mix} > 0$，$\Delta G_{mix} < 0$。这就是说，对理想溶液的两个组元 A、B 而言，混合后将自发形成单相溶液。

理想溶液是一种最简单的溶液模型。一般情况下，我们经常把液态溶液假设为理想溶液，但实际溶液与理想溶液之间大多存在一定的偏差。对固体而言，具有理想溶液特性的固溶体更是非常少见的。[①] Ag-Au 合金是一种比较接近于理想溶液特征的二元体系。由其相图(见图 1.10)可见，Ag 和 Au 不仅在全成分范围内可以形成固溶体，而且其液相线和固相线也几乎重合，并比较接近两种元素熔点之间的连接线(即图 1.10 中的点划线)。

2. 规则溶液模型

由于理想溶液的混合自由能仅取决于成分，因此适用性有限。规则溶液模型则增加了一个可变参量：混合热。在规则溶液模型中，混合热 $\Delta H_{mix} \neq 0$，但混合熵与理想溶液相同。

在固溶体中，混合热可以根据不同元素原子之间的结合量计算。如果只考虑最近邻

――――――――――――――

① 如果把拥有相同质子数、不同中子数的同位素(isotopes)看作不同物质，那么同位素之间形成的固溶体或许是一种真正意义上的"理想溶液"。

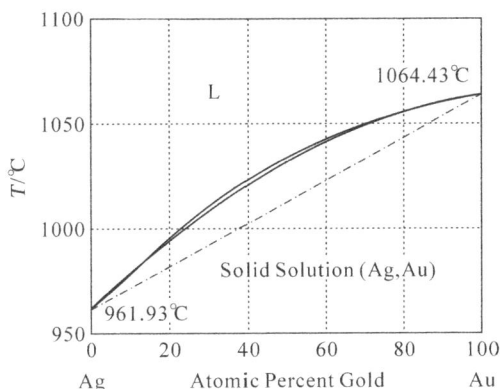

图 1.10　Ag-Au 二元相图

原子之间的结合能,并假设 A-A、B-B 和 A-B 之间结合键的能量[1]分别为:ε_{AA}、ε_{BB} 和 ε_{AB},则混合后形成一个 A-B 键的能量变化为 $\Delta\varepsilon = \varepsilon_{AB} - (\varepsilon_{AA} + \varepsilon_{BB})/2$。假设晶体中的原子配位数为 z(每个原子周边有 z 个最近邻原子),则平均每个 A 原子将与 zx_B 个 B 原子成键,每摩尔溶液中的 A-B 键数量为 $N_A z x_A x_B$,其中 $N_A = 6.022 \times 10^{23}$ 是阿伏伽德罗常数。因此,x_A 摩尔 A 和 x_B 摩尔 B 混合后,热焓的变化为:$\Delta H_{mix} = \omega x_A x_B$,其中 $\omega = N_A z \Delta\varepsilon$。类似于理想溶液的(1.12)式,规则溶液的混合热和混合熵可以分别表达为:

$$\Delta H_{mix} = \omega x_A x_B, \qquad \Delta S_{mix} = -R(x_A \ln x_A + x_B \ln x_B) \qquad (1.14)$$

对规则溶液而言,由于 $\Delta H_{mix} \neq 0$,A、B 之间混合形成溶液的行为比理想溶液复杂一些。作为定性分析,我们可以根据 ω 值的正或负,考虑以下两种情况:

第一种情况是 $\omega < 0$,即 $(\varepsilon_{AA} + \varepsilon_{BB})/2 > \varepsilon_{AB}$,A、B 原子相互吸引,形成 A-B 键可降低系统能量。此时,$\Delta H_{mix} < 0$,而 $T\Delta S_{mix} > 0$。根据(1.11)式,ΔG_{mix} 是负值,表明 A 和 B 在整个成分和温度范围内都可自发混合形成溶液。

第二种情况是 $\omega > 0$,即 $\varepsilon_{AB} > (\varepsilon_{AA} + \varepsilon_{BB})/2$,A、B 原子相互排斥,形成 A-B 键将提高系统的能量(或热焓)。但由于形成溶液后可提高系统的熵($\Delta S_{mix} > 0$),故系统还存在形成单相溶液的可能性。这将由 ΔH_{mix} 和 ΔS_{mix} 作用的相对大小所决定。由于 ΔS_{mix} 的作用依赖于温度,A、B 是否形成单相溶液与温度相关。当温度足够高时,虽然 $\Delta H_{mix} > 0$,但由于 $T\Delta S_{mix}$ 更大,ΔG_{mix} 在整个成分范围内小于零,A、B 可形成完全互溶的单相溶液,如图 1.11(a)所示。在温度较低的情况下,ΔS_{mix} 的影响作用降低,ΔH_{mix} 将起到主导作用,此时 ΔG_{mix} 的正负性与系统的成分相关,在成分靠近纯组元的两端 $\Delta G_{mix} < 0$,而在中部 $\Delta G_{mix} > 0$,如图 1.11(b)所示。

---

①　这里,ε_{AA}、ε_{BB} 和 ε_{AB} 等应该理解为每个结合键对热焓 H 的贡献,因此是结合键的能量(energy per bond),而不是原子之间的键能(bonding energy)。

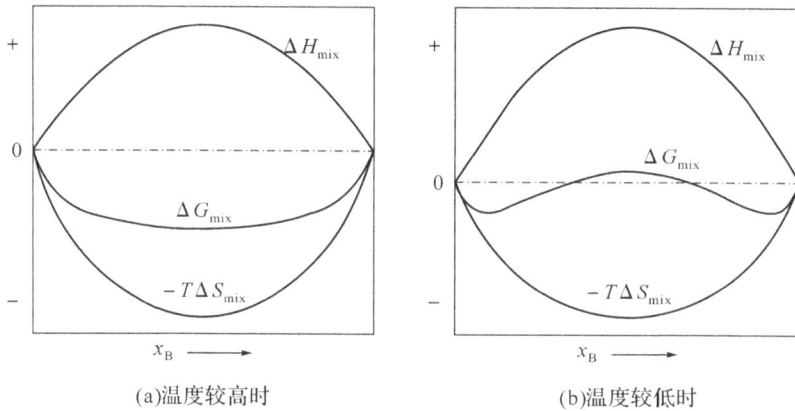

(a)温度较高时　　　　　　　　　　(b)温度较低时

图 1.11　温度对 $\omega > 0$ 的二元体系自由能曲线的影响

对图 1.11(b)中 ΔG_{mix} 的特性,可以这样理解:

(1) 当其中一个组元(例如 B)的含量很少时,形成能量较高的 A-B 键数量很少,ΔH_{mix} 不大;但即使是少量 B 原子,对破坏原来的 A 原子排列规则性,增加原子排列混乱度也具有明显效果,ΔS_{mix} 相对较大。ΔH_{mix} 较小而 ΔS_{mix} 较大,使得 ΔG_{mix} 在靠近两个纯组元纵坐标处总是小于零。这也可以从数学上理解。根据定义式(1.14),ΔH_{mix} 和 ΔS_{mix} 关于 x_B 的导数分别为:$\mathrm{d}\Delta H_{\text{mix}}/\mathrm{d}x_B = \omega(1 - 2x_B)$ 和 $\mathrm{d}\Delta S_{\text{mix}}/\mathrm{d}x_B = -R[\ln x_B - \ln(1 - x_B)]$。在 $x_B = 0$ 附近,ΔH_{mix} 的导数趋向于常数 ω,而 ΔS_{mix} 的导数趋向于无穷大。这意味着在图 1.11(b)中靠近两个纯元素的纵坐标轴附近,$-T\Delta S_{\text{mix}}$ 的下降速度将超过 ΔH_{mix} 的上升速度。因此,即使温度很低(当然不是接近绝对零度)时,微量 B 元素溶入 A 也是必然的。这也是"金无足赤"的热力学依据。

(2) 当 A、B 两组元含量相当时,A-B 键数量很多,ΔH_{mix} 很大;而受温度较低影响,ΔS_{mix} 的作用相对较小,因此 $\Delta G_{\text{mix}} > 0$。此时,系统将形成富 A 和富 B 的两个相,并通过两相之间的平衡实现系统自由能的最小化。有关相平衡问题,将在第 1.4 节详细讨论。

1.3.2　活度与化学位

活度和化学位是物理化学中的两个重要概念。

活度(activity)用小写英文字母"a"表示。与表示浓度的摩尔分数 x 相似,活度 a 的取值范围也是 0~1。不同的是,多元溶液中各组元的摩尔分数之和总是等于 1,但活度之和不一定等于 1。在多元体系中,某组元的"活度等于 0"表示系统中没有"可有效参与反应"的该组元物质,而"活度等于 1"意味着该组元(至少一部分)以纯物质形态存在。

引入活度概念后,二元溶液的混合自由能由下式定义:

$$\Delta G_{\text{mix}} = RT(x_A \ln a_A + x_B \ln a_B) \tag{1.15}$$

图 1.12(a)、(b)分别是液态温度下 Ni 在 Fe-Ni 溶液和 Zn 在 Pb-Zn 溶液中的活度曲线。这里我们注意到,Fe 和 Ni 是物理化学特性很接近的过渡金属,Pb 和 Zn 的熔点也比

较接近。但即使是由性质相近金属构成的这类二元合金,其高温液态熔体的活度也明显偏离理想溶液的拉乌尔定律(Raoult's law,即图中的主对角线)。所以,尽管我们经常把液态溶液假设为理想溶液,但实际上严格服从拉乌尔定律的理想溶液并不多见。相对于 Fe-Ni 体系而言,Pb、Zn 在元素周期表中的位置、电负性、密度等物理化学性质差距更大一些,所以 Zn 在 Pb-Zn 溶液中的活度偏离拉乌尔定律更明显。同时,我们还可以看到,温度越高,溶液的活度越接近拉乌尔定律。

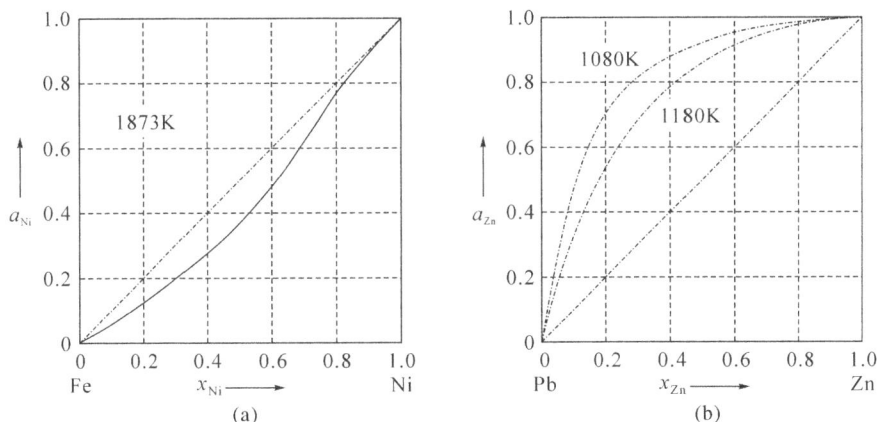

图 1.12　液态温度下 Ni 在 Fe-Ni 熔液和 Zn 在 Pb-Zn 熔液中的活度

化学位(chemical potential),又称为化学势或者偏摩尔自由能。组元 i 的化学位定义为在恒温恒压条件下,溶液的摩尔自由能关于组元 i 摩尔分数 x_i 的偏导数:

$$\mu_i = \left(\frac{\partial G}{\partial x_i}\right)_{T,p} \tag{1.16}$$

对理想溶液和实际溶液来说,组元 i 的化学位可分别写为:

$$\mu_i = G_i + RT\ln x_i \tag{1.17}$$

$$\mu_i = G_i + RT\ln a_i \tag{1.17a}$$

其中,G_i 是组元 i 纯物质的摩尔自由能。

化学位可理解为某组元的物质从溶液中逸出的能力。某组元的物质从溶液中逸出后,自然会转移到另外一个相中,因此化学位是描述组元在不同相之间平衡的定量参数。这将在下节中详细讨论。

1.4　自由能与成分关系曲线(G 图)

在给定的温度和压强条件下,自由能是成分的函数。自由能-成分关系曲线对分析和理解多元体系中各个相之间的平衡关系、平衡成分、相变过程等都具有重要作用,同时也是本教材后续章节中经常使用的一类曲线图。本教材中将其命名为"自由能图"或"G 图"。

图 1.13 是 A-B 二元溶液的一个示意性自由能-成分关系曲线图（G 图），其中，纵坐标为摩尔自由能 G，横坐标为成分 x。这里为了简化，用 x 代替 x_B 表示二元系中 B 组元的摩尔分数，相应地，A 组元的摩尔分数为 $(1-x)$。图中 C 点是平均成分为 $x=x_0$ 的两个纯组元自由能的算术平均值。当它们混合形成单相溶液后，自由能下降到 D 点。

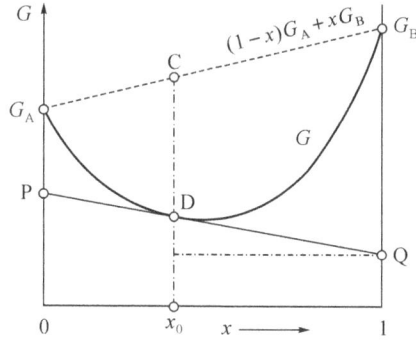

图 1.13　二元溶液的自由能曲线和化学位

在 $x=x_0$ 处作自由能曲线的切线，与 B 组元纵坐标轴（$x=1$）相交于 Q 点。通过简单几何分析可知，Q 点的高度为 $G(x_0)+(1-x_0)\left.\dfrac{\mathrm{d}G}{\mathrm{d}x}\right|_{x_0}$，其中：

$$G(x_0) = (1-x_0)G_A + x_0 G_B + RT\big[(1-x_0)\ln a_A + x_0 \ln a_B\big]$$

$$\left.\frac{\mathrm{d}G}{\mathrm{d}x}\right|_{x_0} = -G_A + G_B + RT(-\ln a_A + \ln a_B)$$

其中，a_A 和 a_B 分别表示 A 和 B 组元在成分为 $x=x_0$ 的溶液中的活度。将上述两式代入并化简后可得 Q 点的高度为：$G_B+RT\ln a_B$。比较（1.17a）式可知这就是 μ_B。所以图 1.13 中的 Q 点就是 B 组元在成分为 x_0 的溶液中的化学位 μ_B。同样，图 1.13 中的 P 点是 A 组元在成分为 x_0 的溶液中的化学位 μ_A。

在图 1.13 中，如果降低系统中 B 组元的成分，我们可以想象到对应的切线在 B 组元坐标轴的切点位置 Q 点，即 B 组元在系统中的化学位 μ_B，将随之降低。特别地，在 $x\approx 0$（接近于纯 A）的 A-B 二元系中，B 组元的化学位将趋向于 $-\infty$。这个结果与我们在前面关于图 1.11 的讨论一样，再次为"金无足赤"提供了热力学依据。

B 组元在接近于纯 A 的 A-B 二元系中的化学位非常低，这意味着在纯 A 中添加少量 B 总是能降低系统自由能的，或者说，浓度足够低时总是可以形成单相溶液的，虽然大多数二元系并不能在整个浓度范围内完全互溶。

当某个 A-B 二元系不能完全互溶时，将形成两个相。图 1.14（a）是一个 A-B 二元系统中各个相的自由能成分曲线。假设系统的平均成分为 x_0，显然它不可能为单一的 α 相，因为成分为 x_0 的 α 相自由能 G_0^α 很高；它似乎也不会是单相 β，因为尽管 G_0^β 比 G_0^α 低一些，但还可以通过分解成两个相而降低系统自由能。如图 1.14（b）所示，假如这时候系统分解为成分分别为 x_1 和 x_2 的 α 和 β 两个相，这两个相的自由能 G_1^α 和 G_2^β 都比成分为

x_0 的单相溶液中的自由能 G_0^α 或 G_0^β 更低。

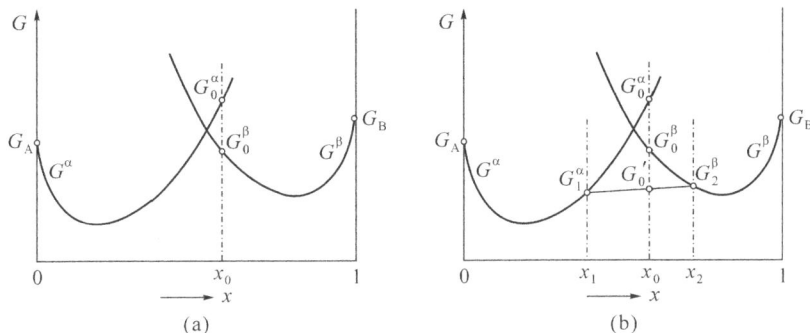

图 1.14　二元系统自由能和相分解

这时系统的平均自由能可以根据两个相的相对含量计算。根据杠杆定律(lever rule),当成分为 x_0 的系统分解为成分为 x_1、x_2 的 α、β 两个相后,两相的相对含量分别为:

$$f^\alpha = (x_2 - x_0)/(x_2 - x_1), \qquad f^\beta = (x_0 - x_1)/(x_2 - x_1) \qquad (1.18)$$

因此,系统平均自由能 G_0' 为:

$$G_0' = f^\alpha G_1^\alpha + f^\beta G_2^\beta = [(x_2 - x_0)G_1^\alpha + (x_0 - x_1)G_2^\beta]/(x_2 - x_1)$$

通过简单的几何分析可以发现,系统平均自由能 G_0' 也可以根据图 1.14(b)中两个相自由能 G_1^α、G_2^β 之间连线与系统平均成分 x_0 垂直线的交点确定。

上面我们用加了一撇的"G_0'"来表示系统平均自由能,原因在于在图 1.14(b)中我们为了说明一个二元系统有时候通过分解为两个相可以降低系统自由能,而把成分为 x_0 的系统"随意地"分为成分为 x_1 和 x_2 的两个相。如果我们把 α 相的成分从图 1.14(b)中的 x_1 往左移动到如图 1.15 所示某一点 x_3,则可以发现系统自由能相应地从 G_0' 进一步降低到 G_0''。

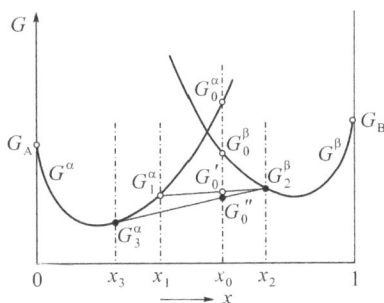

图 1.15　二元系统平均自由能和两相成分

事实上,在图 1.15 中可以看到,如果再将 x_2 点往右移动一些,系统自由能还可以继续降低。根据相律,在恒温恒压条件下,当系统成分确定后,二元系统的相组成也唯一确定了。对如图 1.15 所示条件下成分为 x_0 的二元溶液,α 和 β 两个相的成分及其由杠杆定律(1.18)式确定的相对含量必须满足系统自由能最小化条件,即相平衡条件。

有关二元系统的相平衡条件,许多热力学教科书中已有大量数学推导或证明(本节后面也给出了一种数学推导)。但在这里,我们将根据几何关系,简单说明两相平衡时满足系统自由能最小化的条件。显然,成分为 x_0 的二元溶液分解后的 α 相和 β 相成分分别位于系统平均成分 x_0 的左右两侧。如图 1.16(a)所示,在 x_0 左侧的 α 相 G 曲线和右侧的 β 相 G 曲线上各任取一点,其连线不可能低于两相 G 曲线的公切线 T。因此,满足系统自由能最小化的条件就是:α 相和 β 相的成分分别由图 1.16(a)中两条 G 曲线的公切线 T 的切点 x_1 和 x_2 确定,两相的相对含量由杠杆定律(1.18)式确定。

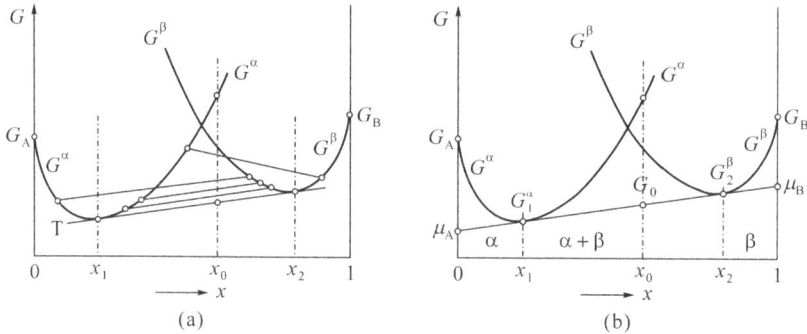

图 1.16   二元系中的两相平衡

根据前面对图 1.13 的讨论,可知 G 曲线的切线在纵坐标上的交点就是化学位。在图 1.16(b)中,μ_A 是 G^α 和 G^β 的公切线在 A 组元纵坐标上的交点,所以 μ_A 既是 A 在成分为 x_1 的 α 相中的化学位,也是 A 在成分为 x_2 的 β 相中的化学位。同理,μ_B 是组元 B 在成分为 x_1 的 α 相和成分为 x_2 的 β 相中的化学位。用数学关系式表示,就是我们熟知的二元体系中两相平衡的必要充分条件:

$$\mu_A^{\alpha(x_1)} = \mu_A^{\beta(x_2)} = \mu_A, \qquad \mu_B^{\alpha(x_1)} = \mu_B^{\beta(x_2)} = \mu_B \tag{1.19}$$

在图 1.16(b)中我们还可以看到,x_1 和 x_2 这两个成分点的位置只依赖于 G^α 和 G^β 这两条曲线,而与系统平均成分 x_0 无关。在给定的温度、压强等环境条件下(从而 G^α 和 G^β 不变),所有成分位于 x_1 和 x_2 之间的溶液都将分解为成分为 x_1 的 α 相和成分为 x_2 的 β 相,具体的系统平均成分 x_0 只影响这两个相的相对含量和系统平均自由能。因此,对确定的 A-B 二元体系和给定的温度、压强等环境条件,根据系统平均成分 x(B 组元的摩尔分数)的不同,平衡状态下的相组成为:

$x \leqslant x_1$:α 单相,其成分就是系统平均成分;

$x_1 < x < x_2$:α+β 两相,成分分别为 x_1 和 x_2,相对含量由杠杆定律确定;

$x \geqslant x_2$:β 单相,其成分就是系统平均成分。

【附】   多元体系中的相平衡条件的数学推导

假设系统中含有 k 个组元,它们分布在 ϕ 个相中。我们用下标 $i(i=1,2,\cdots,k)$ 表示组元,用上标 $\sigma(\sigma=1,2,\cdots,\phi)$ 表示相。记第 i 个组元在第 σ 个相中的摩尔分数和化学位分别是 x_i^σ 和 μ_i^σ。系统自由能的全微分是:

$$dG = -SdT + Vdp + \sum_{\sigma=1}^{\phi} \sum_{i=1}^{k} \mu_i^{\sigma} dx_i^{\sigma}$$

当恒温($dT=0$)、恒压($dp=0$)时，系统各相达到平衡的条件就是 $dG=0$，即：

$$\sum_{\sigma=1}^{\phi} \sum_{i=1}^{k} \mu_i^{\sigma} dx_i^{\sigma} = 0 \qquad (1.20)$$

对于整个系统来说，每个组元在各相中的摩尔总数是不变的。这意味着(1.20)式存在 k 个限制条件：

$$\sum_{\sigma=1}^{\phi} dx_i^{\sigma} = 0 \quad (i=1,2,\cdots,k)$$

上式实际上是一个 k 元齐次线性方程组。将其中第 i 个方程乘上拉格朗日因子 λ_i（一个不等于零的数字），再将它们加到(1.20)式中，得：

$$\sum_{\sigma=1}^{\phi} \sum_{i=1}^{k} (\mu_i^{\sigma} - \lambda_i) dx_i^{\sigma} = 0 \qquad (1.21)$$

根据线性代数中的拉格朗日乘子规则，(1.21)式成立时，dx_i^{σ} 的系数都等于零，即：

$$\begin{cases} \mu_1^1 = \mu_1^2 = \cdots = \mu_1^{\sigma} = \cdots = \mu_1^{\phi} = \lambda_1 \\ \mu_2^1 = \mu_2^2 = \cdots = \mu_2^{\sigma} = \cdots = \mu_2^{\phi} = \lambda_2 \\ \vdots \\ \mu_k^1 = \mu_k^2 = \cdots = \mu_k^{\sigma} = \cdots = \mu_k^{\phi} = \lambda_k \end{cases} \qquad (1.22)$$

(1.22)式是多元系统多相平衡的条件，它表示多元系统在恒温恒压下达到相平衡时，每个组元在各个相中的化学位都相等。可以看到，对二元系而言，(1.22)式与前面我们通过几何分析方法得到的(1.19)式完全相同。

1.5　思考题

1. 不同物质在常压下的熔点 T_m 有很大差异。请根据熔点时液固两相的平衡条件：$\Delta G = \Delta H - T\Delta S = 0$，从晶态固体中的原子间结合力和原子排列有序性角度，定性分析不同物质熔点差异的热力学原因，并举几个典型例子（如石墨、聚乙烯、铜、Ag-40at%Cu 共晶等）。

2. 某些元素在不同温度下具有不同的晶体结构，称为"同素异构体"或"同质异构体"。例如，Ti 在 882℃ 以下为密排六方结构的 α 相，在 882℃ 以上（直至熔点）为体心立方的 β 相。请问，这类存在同素异构转变的元素在相变温度时，为什么高温相的焓大于低温相的焓（如 882℃ 时，$H_{\beta-Ti} > H_{\alpha-Ti}$）？

3. 一个由 0.68mol 元素 A 和 0.43mol 元素 B 构成的二元系统，在 T_0 温度时形成单相溶液。当将温度变化到 T_1 时，测得 A 在溶液中的活度是 0.72，B 在溶液中的活度是 1。请问：当系统温度从 T_0 变化到 T_1 时，溶液中发生了什么变化？

4. 请定性分析熔点、原子间结合键对平衡空位浓度的影响。

5. 请用自己的语言说明,克劳修斯表述和普朗克表述本质上是热力学第二定律在不同典型热力学过程中的体现。

6. 在图 1.7 的例子中,假设那根细棒中的 Fe 和 Ni 的摩尔分数相同。在 T_0 温度下经过足够长时间热处理(不考虑在此过程中金属元素的氧化或其他损耗),系统整体成分分布达到了平衡状态。请结合相图,画出沿细棒长度方向的成分分布示意图,并标注相关特征成分。

第2章

相图热力学

相图在材料科学与工程学科中占据十分重要的地位。利用相图,我们不仅可以知道在平衡情况下成分、温度和相组成的关系,分析变温过程中的相转变情况,而且还可以通过相图(至少定性地)分析各个相的热力学与动力学特性。

为便于说明和理解有关相图的一些基本概念,本章的讨论仅限于二元相图。

2.1 相图与自由能曲线图

2.1.1 完全互溶体系

上一节我们讨论的自由能曲线图(G图)都是在某个确定的温度条件下的。对给定的一个二元系统,各个组成相的G曲线都将随温度的变化而发生不同的变化。这种变化将改变系统的相平衡条件,从而决定了系统平衡相与成分和温度的关系(即相图)。

图2.1显示了一个A-B二元合金在不同温度下的G曲线和平衡相图之间的关系。

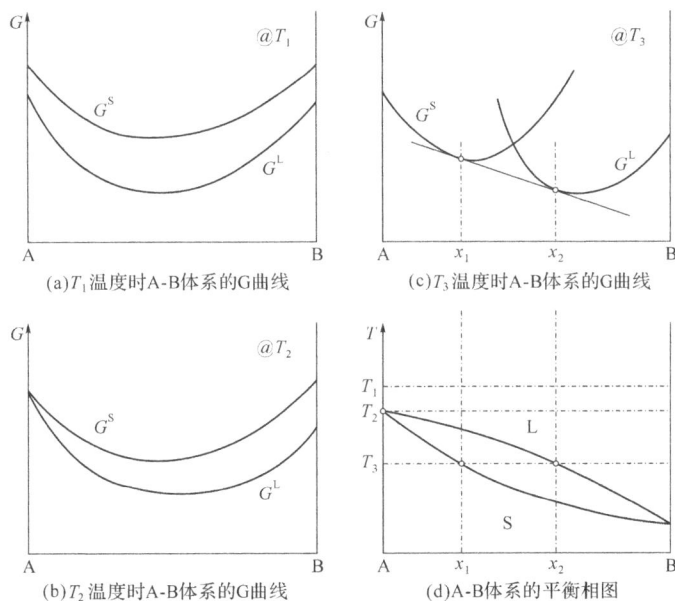

(a)T_1温度时A-B体系的G曲线

(b)T_2温度时A-B体系的G曲线

(c)T_3温度时A-B体系的G曲线

(d)A-B体系的平衡相图

图2.1 二元合金在不同温度下的G曲线和平衡相图

在 T_1 温度时,图 2.1(a)显示液相自由能 G^L 都低于固相自由能 G^S,因此该合金 T_1 温度时在全成分范围内都是液相。当温度降低到 T_2 温度时,如图 2.1(b)所示,除了纯 A 的 $G^L = G^S$ 以外,其余成分的 G^L 仍然都低于 G^S,此时纯 A 处于液固平衡状态,而其他成分的合金都还处于液态。当温度继续降低到 T_3 时,如图 2.1(c)所示,B 组元摩尔分数 x 小于 x_1 的合金为固相,x 大于 x_2 的合金为液相,而成分在 x_1 和 x_2 之间的合金为液固两相状态,其中液相和固相的比例服从(1.18)式(即杠杆定律)。图 2.1(d)是 A-B 二元合金的相图,其中 T_3 温度水平线与固相线、液相线的交点成分 x_1、x_2 就是图 2.1(c)中公切线的切点成分。

在上万种二元合金体系中,类似于图 2.1 的两种纯金属满足固相完全互溶的体系很少,因为这需要两种金属在化学特性、原子尺寸、电子结构和晶体结构等方面都具有很高的相似性。Ag-Au 和 Si-Ge 是完全互溶二元合金体系的两个典型例子,见图 2.2。

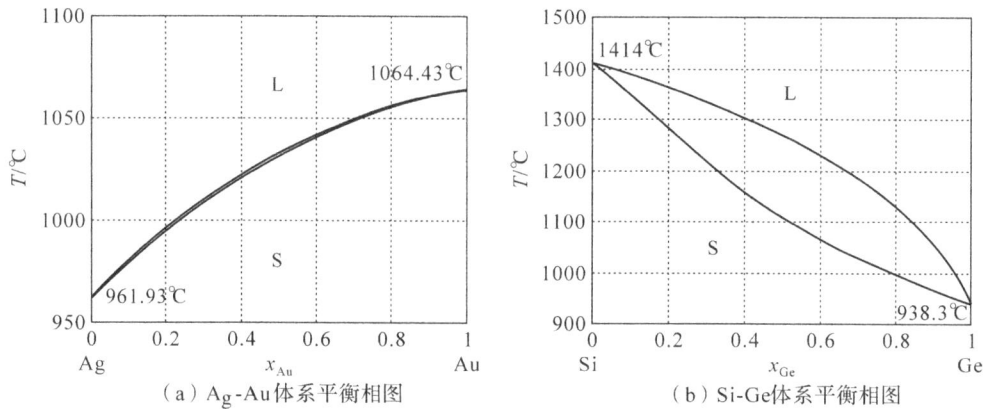

（a）Ag-Au体系平衡相图　　　　　　　（b）Si-Ge体系平衡相图

图 2.2　Ag-Au 和 Si-Ge 平衡相图

2.1.2　固态下存在互溶间隙的二元体系

在完全互溶的合金体系中,A、B 原子之间形成的 A-B 键能量通常比 A-A 键、B-B 键的能量更低,或者至少不明显高于 A-A 键、B-B 键的平均能量,即系统混合能 ΔH_{mix} 小于零,或者虽大于零但数值较小,从而借助于 A、B 两种原子混合后熵的上升,使系统混合为单相固溶体后自由能仍然有降低。但如果相互排斥的 A、B 原子形成 A-B 键后使系统能量 H 有较大上升,则会表现出比较复杂的互溶特性。在高温下,由于 $T\Delta S_{mix}$ 较大,ΔG_{mix} 在整个成分范围内仍然可能小于零,从而 A、B 组元在高温下仍可形成完全互溶的单相固溶体。但随着温度下降,$T\Delta S_{mix}$ 逐渐降低,ΔH_{mix} 将起到主导作用,从而表现出在某个成分区间内形成两相区(miscibility gap,互溶间隙)。Au-Pt 和 Cu-Ni 就是两个高温时为单相固溶体而低温时形成两相互溶间隙区的二元体系,如图 2.3 所示。

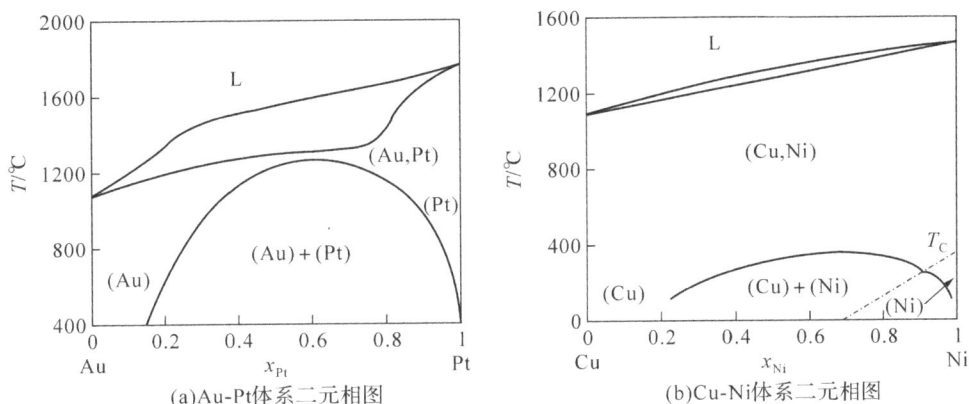

图 2.3　具有高温单相固溶、低温分相特征的 Au-Pt 和 Cu-Ni 二元相图

　　具有类似特征的另一个典型二元合金是 Au-Ni 体系。图 2.4 是 Au-Ni 二元相图和几个特征温度下的(示意性的)G 曲线。Au-Ni 体系属于两种组成原子在固态下相互排斥的合金体系，即形成 Au-Ni 键会使系统能量 H 上升。但在高温时，由于熵的作用，Au、Ni 形成固溶体仍可能降低系统的自由能。

　　如图 2.4(b) 上部的 1000℃时 G 曲线所示，此时固溶体的自由能 G^S 与成分的关系曲线仍然为下凹曲线，表明在 1000℃时 Au、Ni 两种元素形成固溶体可以降低系统自由能。但同时我们还可以看到，此时的 G^S 曲线在 x_{Ni} 中间部分比较平坦。其原因在于此时 Au、Ni 两种原子的数量相当，形成固溶体后会形成数量较多的高能量 Au-Ni 键，由此产生的较大的混合能 ΔH_{mix} 抵消了混合熵降低自由能的作用。这种特性造成了一种独特现象，即在两条都呈下凹状但曲率不同的曲线上有两对公切点(x_1、x_2 和 x_3、x_4)。它们把 Au-Ni 二元体系在 1000℃时的状态分割成三个单相区：在靠近纯 Au 或纯 Ni 的两端，固相自由能 G^S 已经低于对应成分的液相自由能 G^L，因此在富 Au 一侧($x_{Ni}<x_1$)和富 Ni 一侧($x_{Ni}>x_4$)分别为富 Au 固相和富 Ni 固相；而在 Au、Ni 含量相当的中间部分($x_2<x_{Ni}<x_3$)，比较平坦的 G^S 高于曲率更大的液相自由能 G^L，因此仍然为液态。

　　当温度降低到 900℃时，熵的作用有所减弱。此时，固相自由能 G^S 已整体降低到液相自由能 G^L 下方，如图 2.4(b) 中部的示意曲线所示，因此在 900℃时 Au-Ni 合金在整个成分范围内都是单相固溶体(Au,Ni)。这时的 G^S 曲线尽管还是呈下凹状，但可以看到对应于成分坐标中间区域的曲线底部已经非常平坦。可以想象，随着温度的继续降低，熵的作用进一步减弱，中间区域的 G^S 曲线将逐步上抬而转为上凸状。

　　图 2.4(b) 的下部是温度下降到 600℃时的 G^S 曲线示意图。这时的 G^S 曲线中部已呈现明显的上凸形状，两个公切点分别对应于相图中 600℃时富 Au 相和富 Ni 相的固溶度极限 x_5 和 x_6。在 $x_{Ni}<x_5$ 的成分范围内，系统为单一的富 Au 相；在 $x_{Ni}>x_6$ 的成分范围内，系统为单一的富 Ni 相；而在 $x_5<x_{Ni}<x_6$ 的成分范围内，系统是由成分为 x_5 的富 Au 相和成分为 x_6 的富 Ni 相构成的两相组织。

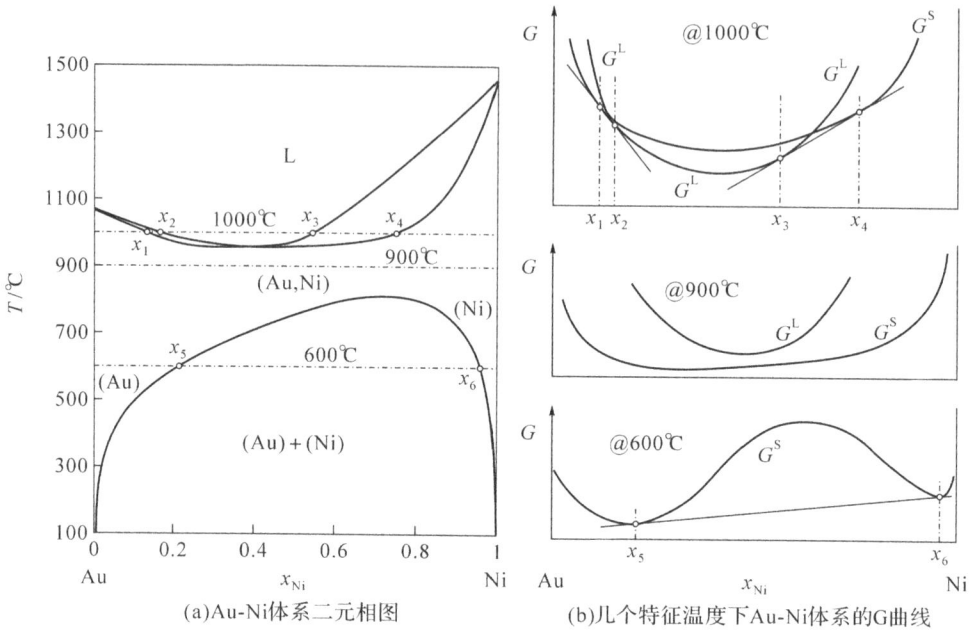

图 2.4　Au-Ni 二元相图和几个特征温度下的曲线

2.1.3　共晶与包晶体系

　　进一步分析上节中讨论的几个高温单相固溶而低温分相的二元体系,我们可以发现它们具有两个共同特征:一是两种元素在固态下具有相同的晶格点阵类型;二是两种元素之间的混合热大于零但还不是非常大。

　　这里,第一点特征是容易理解的。例如,在图 2.4(a)给出的 Au-Ni 二元相图中,高温固相(Au,Ni)和两个低温固相(Au)、(Ni)在相图中处于一个相互联通的区域,或者说它们"理论上"属于同一个相,因此自然具有相同的晶体点阵类型,其差异仅在于晶体点阵参数因成分和温度不同而有所不同。

　　第二点特征可以这样理解。首先,在固态温度下这类体系中两种原子之间的混合热 ΔH_{mix} 显然是正值,否则就是 2.1.1 节所讨论的完全互溶体系。其次,ΔH_{mix} 还不太大,从而在熔化温度以下还可能存在一个完全互溶的温度区间,例如 Au 和 Ni 在 810.3℃ 到 955℃ 之间是完全互溶的。

　　假如一个二元体系中两种原子之间的混合热 ΔH_{mix} 比图 2.4 的 Au-Ni 体系更大一些,则可以想象到,类似于图 2.4(a)中的固态互溶间隙将向上扩展,并可能触及上面的液相区。固态互溶间隙区和上部的液相区直接接触的二元体系有共晶(eutectic)和包晶(peritectic)两类。

　　图 2.5 给出了某几个温度下的 Ag-Cu 体系 G 曲线和 Ag-Cu 二元相图。Ag 和 Cu 在固态下虽然都是面心立方结构,但两者原子尺寸差异接近 20%,室温时 Ag 和 Cu 的晶格

点阵常数分别为 3.615Å 和 4.085Å,相对差异也超过 10%。因此,Ag-Cu 体系两种原子之间倾向于相互排斥,其固态自由能曲线 G^S 即使在合金熔点以上的高温下也具有中间向上凸起的形状。如图 2.5(a)所示,当温度为 900℃时,两端下凹而中部上凸的 G^S 曲线和整体下凹的液相自由能曲线 G^L 之间有两对公切点(x_1、x_2 和 x_3、x_4)。这分别对应于图 2.5(d)相图中 900℃时富 Ag 侧的固相点 x_1、液相点 x_2 和富 Cu 侧的液相点 x_3、固相点 x_4。当温度降低到共晶温度 780℃时,图 2.5(b)显示此时的公切线同时与 G^S 曲线上的两个点和 G^L 曲线上的一个点相切,分别对应于图 2.5(d)中共晶反应温度时的两个固相成分(x_5、x_7)和液相成分(共晶成分 x_6)。当温度进一步降低到 700℃时,图 2.5(c)显示 G^S 曲线已完全位于 G^L 曲线下方,此时 G^S 曲线上的两个公切点分别对应于图 2.5(d)中 700℃时富 Ag 相和富 Cu 相的固溶限 x_8 和 x_9。

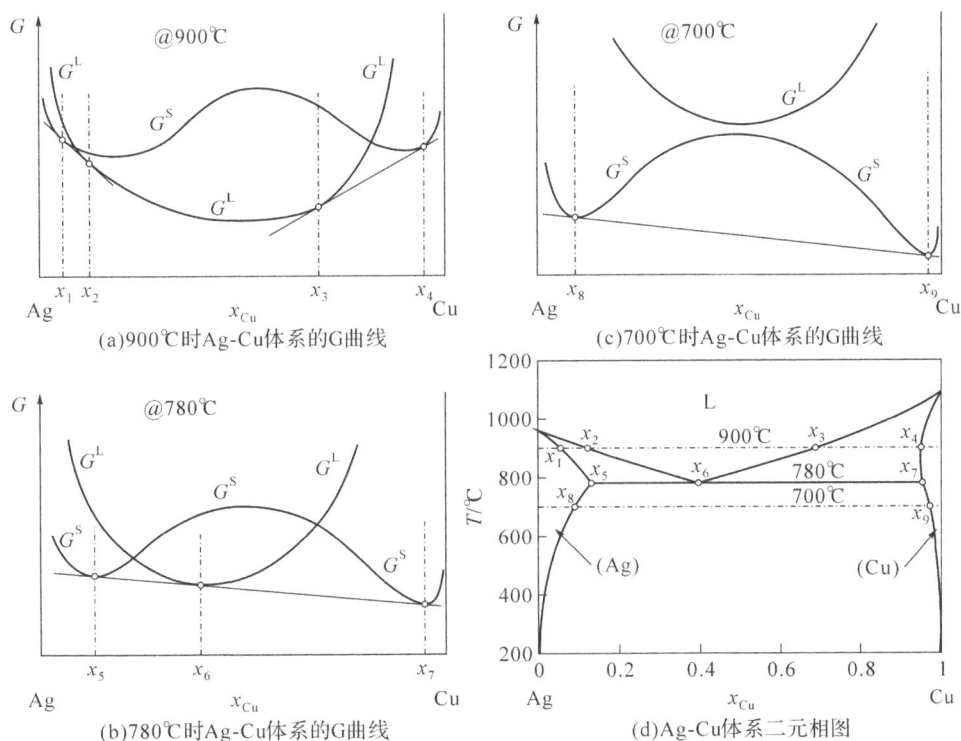

(a)900℃时Ag-Cu体系的G曲线

(c)700℃时Ag-Cu体系的G曲线

(b)780℃时Ag-Cu体系的G曲线

(d)Ag-Cu体系二元相图

图 2.5　Ag-Cu 体系在不同温度下的 G 曲线和二元相图

图 2.6 是 Al-Ge 和 Pb-Sn 的二元共晶相图。这两个体系也属于相对简单的共晶体系,但由于两种组成金属具有不同的晶体结构(Al 和 Pb 为面心立方,而 Ge 是金刚石结构,Sn 是四方结构),因此如果画它们的 G 曲线示意图,则将有两条独立的固态自由能曲线,而不是像图 2.5 那样的中间凸起、两端下凹的一条 G^S 曲线。

在一个二元体系中,如果其中一个组成元素的熔点低于固溶体的最低熔点,那么熔液凝固时(可能)发生包晶转变。简单的二元包晶体系不多见,Co-Cu 体系是其中的一个例子。

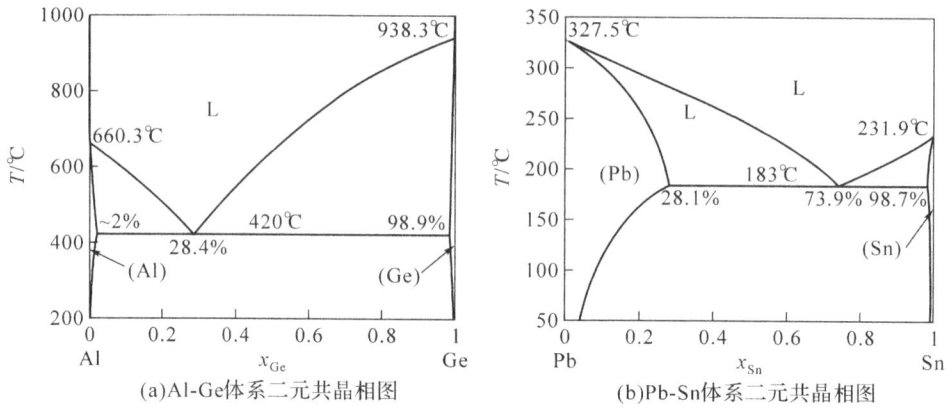

(a)Al-Ge体系二元共晶相图   (b)Pb-Sn体系二元共晶相图

图 2.6   典型二元共晶相图

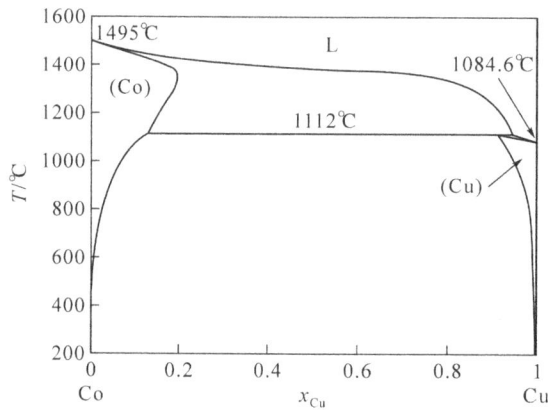

图 2.7   具有包晶反应的 Co-Cu 二元相图

2.1.4   包含中间相的二元体系

在上面讨论的简单二元体系中,固态相在相图上的位置都在成分坐标轴的两端。如果有一个相处于相图成分坐标轴中间的某个位置,则称其为"中间相"。

Al-Se 体系是一个比较简单的包含中间相的二元体系,其相图如图 2.8 所示。在 Al-Se体系中,两种元素的化学和物理特性相差很大,因此相互之间的固溶度都非常低。在图 2.8(a)中可以看到相图两端的两个固溶体相几乎与纵轴重合。但由于 Al 和 Se 的电负性相差较大(分别为 1.61 和 2.55),两者可形成熔点(960℃)远高于两个组成元素(Al 的熔点为 660.32℃,Se 的熔点为 221℃)的稳定化合物 Al_2Se_3。图 2.8(b)和(c)分别是 800℃ 和 221℃时自由能曲线示意图。

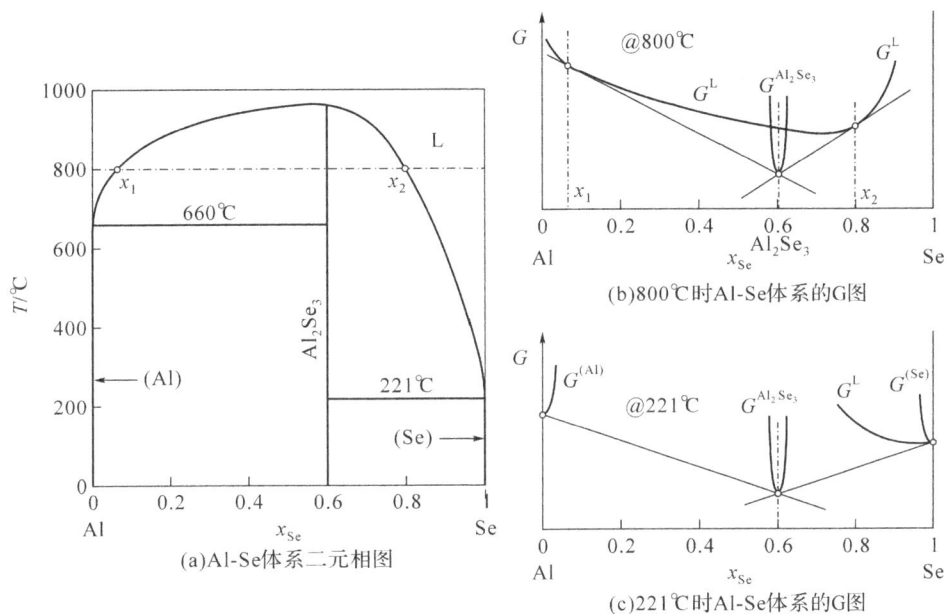

图 2.8　存在金属间化合物中间相的 Al-Se 体系二元相图和示意性 G 图

图 2.9 是稍微复杂一点的 Cu-Zn 二元相图,其中包含 β(454℃以下为 β′相)、γ、δ 以及 ε 等中间相(图中用灰色背底填充)。与图 2.8 中没有固溶度范围、遵循化学计量比的 Al_2Se_3 中间相不同的是,图 2.9 中的各个中间相都有一定的成分变化范围,或固溶度范围。

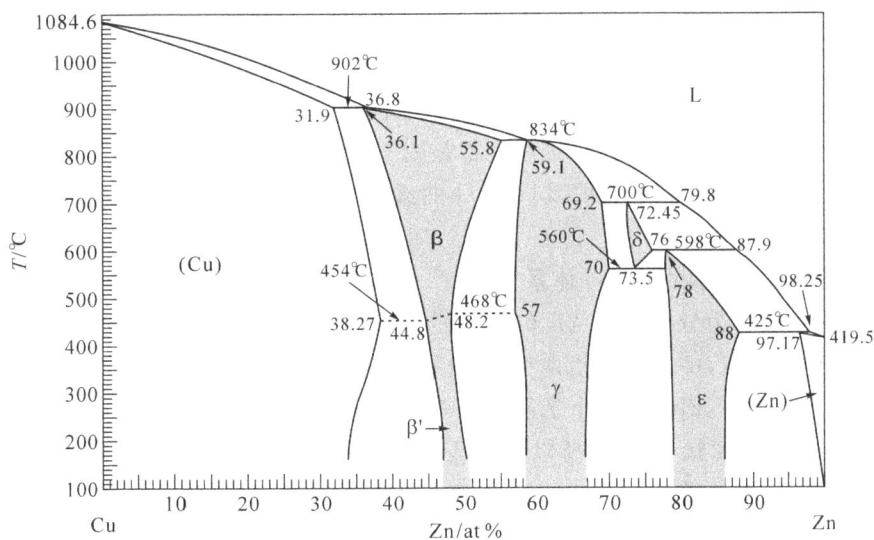

图 2.9　Cu-Zn 相图

2.1.5　相图的阅读与理解

相图是前人长期研究成果的结晶,也是大量信息的集成。阅读和理解相图并从中获取尽可能多的有用信息,是一个材料研究工作者的重要基本功之一。仅仅学会从相图中了解不同成分在不同温度时的相组成情况(单相或多相)、相变温度及平衡成分等"直接"信息是不够的,还必须学会阅读和理解相图内涵。

- 关于对两相区的宏观平均成分和微观局部成分的理解

这里以图 1.7 中给出的 Fe-Ni 二元体系作为例子。对于 Ni 摩尔分数 x_{Ni} 在 $0.05 \sim 0.65$ 范围内(假设 $x_{Ni} = 0.4$)的 Fe-Ni 合金,在 T_0 温度时,相图显示系统处于 α 和 ξ 两相区。此时,系统的宏观平均成分当然还是 $x_{Ni} = 0.4$,但材料中每个"点"或为 α 相,或为 ξ 相,微观局部成分是不同的。根据相图,在平衡状态下,如果材料中的那个点位置是在 α 相晶粒中,则其成分将是 $x^{\alpha/\xi}$;反之,如果那个点是在 ξ 相中,则其成分将是 $x^{\xi/\alpha}$。而如果系统尚未达到整体平衡,则即使是在同一个相中,各个微区的局部成分也有可能不同。例如图 1.7 中细棒左侧 α 相中,在靠近 ξ 相的界面处其成分是 $x^{\alpha/\xi}$,而在尚未受到扩散影响的细棒最左端,其 α 相成分还是保持在原始成分。

- 由相图定性推测各个相的自由能曲线特征

虽然从理论上讲,相图只能给出不同温度下自由能曲线的"公切点",但根据相图中各个相随温度变化而生成或者消亡的信息,可以定性推测相关各个相的自由能曲线形态及其在 G 图中的相对位置。

例如在图 2.4(b)中,我们首先根据相图的固相线、液相线和固溶度线确定不同温度下的相关 G 曲线的公切点成分,然后根据各个相的特点获得 G 曲线形状特征。特别是其中的固相 G 曲线从正常的下凹状曲线,随温度下降其中间部位逐渐变得平坦,最后进一步上抬形成中间上凸状的变化趋势。

对于如图 2.5 所示的 Ag-Cu 体系,两种元素间的相互排斥比图 2.4 中的 Au-Ni 体系更为强烈,即使当温度降低到两个纯组元都是固态的温度(如 900℃左右)时,中间成分范围的合金仍然保持液态。这表明其固相 G 曲线在高温下也呈现中间凸起的形态,如图 2.5(a)所示。

对于如图 2.8 所示的 Al-Se 体系,从相图中可以看到几个固态相的成分范围都非常狭窄,在相图上表现为分辨不出宽度的垂直线。这些固溶度范围非常狭窄的相的自由能曲线具有这样的特点,即在极小值两侧 G 曲线迅速上升,因此公切线的切点几乎总是与 G 曲线的极小点重合,而与另一个平衡相的 G 曲线位置关系不大。在图 2.8(b)中,由于 Al_2Se_3 相的 G 曲线形状非常陡,所以无论是与左侧的 Al 固相,还是右侧的 Se 固相,两条公切线在 Al_2Se_3 相 G 曲线上的切点几乎重合于极小点($x_{Se} = 0.6$)处。同样,Al 固相和 Se 固相的 G 曲线也非常陡,所以它们在 G 图上(相对于 Al_2Se_3 相 G 曲线)的位置高低也不影响这两个相的 G 曲线上的切点成分位置。

• 由相图定性推测中间相特性

许多中间相是具有特殊功能的金属间化合物先进材料。从相图中挖掘相关信息，将有助于理解金属间化合物先进材料的某些特性。

例如，具有方钴矿①结构(见图 2.10)的金属间化合物 $CoSb_3$ 是 21 世纪初以来被广泛研究的一类新型高性能热电材料。在 Co-Sb 二元体系中存在三个金属间化合物中间相，分别为 β-CoSb、γ-CoSb$_2$ 和 δ-CoSb$_3$。由图 2.11 给出的相图可见，β-CoSb 相在熔点以下都可稳定存在；而 γ-CoSb$_2$ 相和 δ-CoSb$_3$ 相在被熔化温度以下会分解成液相和另一个金属间化合物固相。一般情况下，金属间化合物中间相的熔点或分解温度越高，表明化合物中原子间的结合力越强，结构越稳定，越容易被合成。例如在 Co-Sb 二元体系中，β-CoSb 相是最稳定的中间相，所以在很大的成分范围内，Co-Sb 二元合金熔炼凝固后都会存在 β-CoSb 相。

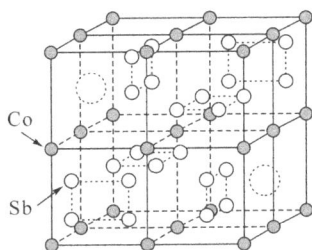

图 2.10 方钴矿型金属间化合物 $CoSb_3$ 的晶体结构

从材料制备过程考虑，对成分为 β-CoSb 的材料，经原料熔化和搅拌(或振动)均匀化，冷却凝固后就可得到成分基本一致的单相 β-CoSb 组织。但对于成分为 γ-CoSb$_2$ 或者 δ-CoSb$_3$ 的材料，熔炼凝固后的产物将是存在化学成分差异和晶体结构差异的多相组织，需要经过(长时间)扩散退火和固态相变，才能实现成分和结构的均匀化。

从扩散和相变过程分析，根据相图(见图 2.11)，γ-CoSb$_2$ 相和 δ-CoSb$_3$ 相分别在 931℃ 和 876℃ 存在包晶反应。在这种反应中，新相(如 γ-CoSb$_2$ 相)将首先在富 Co 相(β-CoSb 相)和富 Sb 相(根据凝固条件和扩散相变反应温度的不同，可能是 δ-CoSb$_3$ 相、Sb 相或者富 Sb 液相)的界面处形核并通过穿越新相的扩散逐渐长大。因此，在新相(即

① 方钴矿最早在挪威的小镇 Skutterud 被发现，故被命名为 skutterudite。$CoSb_3$ 的晶体结构由 8 个顶角被 Co 原子占据的小立方体组成，在其中 6 个小立方体中各包含 4 个 Sb 原子，但在另外 2 个小立方体中是空的(见图 2.10 中的左上前和右下后立方体)，或者说存在结构上的"空洞"。这类化合物中的部分空洞可以容纳其他原子(如碱金属、碱土金属、稀土金属等原子)，形成"填充型空洞结构"化合物。由于只有部分空洞被外来原子填充，而且具体被填充的空洞位置是随机的，破坏了原有的晶体结构有序性，从而使得这类填充型空洞结构化合物具有特别低的晶格热导率。这对提高材料的热电性能是非常有益的。

最终产物相)中的扩散是决定相变速度的控制因素。即使我们现在缺乏 Co 和 Sb 在各个金属间化合物相中的扩散系数,但仍可根据相图分析这些反应的相对速度。

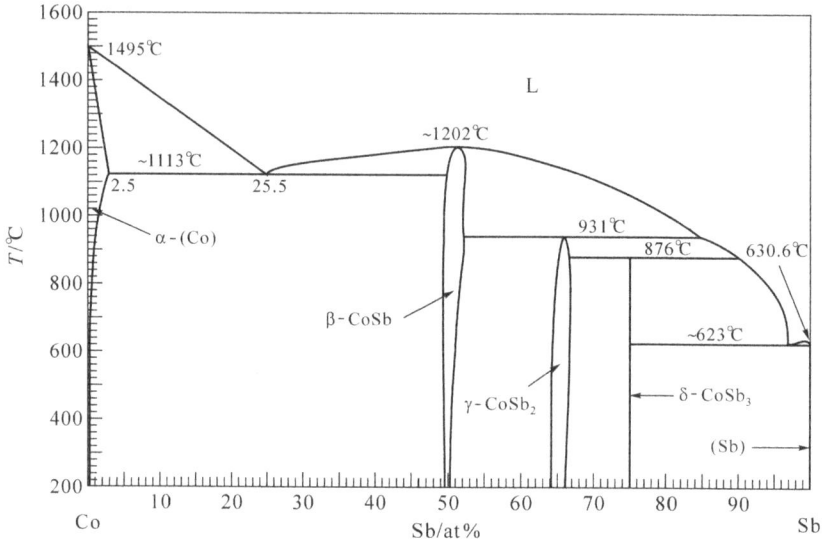

图 2.11 Co-Sb 二元相图

例如对于成分为 $CoSb_3$ 的材料,熔炼凝固后的微观组织中将包含 $CoSb_2$、$CoSb_3$ 和 Sb 等相,需要在 600℃ 左右温度下长期退火,通过 $CoSb_2 + Sb \rightarrow CoSb_3$ 反应以获得成分均匀的方钴矿结构 $CoSb_3$ 单相组织。这个反应的速度受穿越新相 $CoSb_3$ 的扩散控制。根据扩散第一定律,扩散速度正比于 $CoSb_3$ 中的扩散系数和浓度(活度)梯度的乘积。从相图(见图 2.11)可以看到,δ-$CoSb_3$ 相的固溶度范围非常窄。这意味着在 δ-$CoSb_3$ 相中的浓度差非常小,或者说浓度梯度很小,并且随着 δ-$CoSb_3$ 相的长大越来越小。因此,穿越 δ-$CoSb_3$ 相的扩散将是非常缓慢的。相对而言,β-$CoSb$ 相和 γ-$CoSb_2$ 相都有 2at% 左右的固溶度差异,可以形成的浓度梯度将远大于 δ-$CoSb_3$ 相。因此在 β-$CoSb$ 和 γ-$CoSb_2$ 相中的扩散速度会更快一些。

图 2.12 是 Fe-Si 二元相图。Fe-Si 体系中也有许多重要的金属间化合物功能材料,例如:ζ_{β}-$FeSi_2$ 是一种窄禁带半导体材料,是具有良好发展前景的电致发光材料和热电材料。由图 2.12 可见,ζ_{β}-$FeSi_2$ 相的固溶度范围也非常狭窄,而单一的 ζ_{β}-$FeSi_2$ 相合成将需要包析反应:ϵ-$FeSi$ + ζ_{α}-$Fe_2Si_5 \rightarrow \zeta_{\beta}$-$FeSi_2$,这意味着其合成过程将比较复杂。

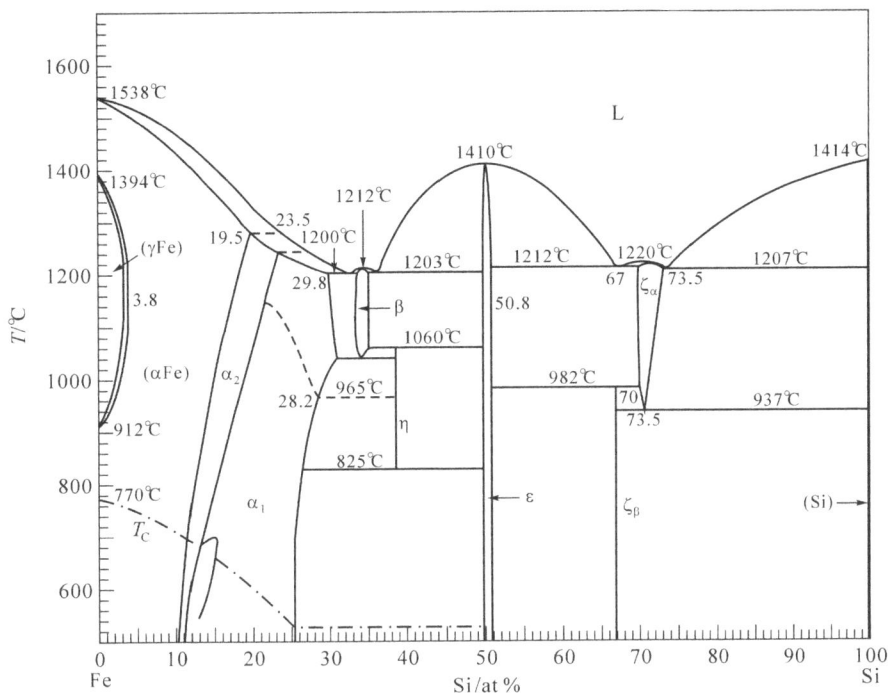

图 2.12　Fe-Si 二元相图

2.2　相图与热力学参数

除了上一节讨论的从相图中获取各种有用信息以外,在一定的假设条件下,还可以根据相图计算(或估算)一些热力学参数。

2.2.1　固溶度线(solvus)

对如图 2.13(a)所示的 A-B 二元相图,假设 T_0 温度时组元 B 在富 A 的 α 相中有一定固溶度并且服从亨利定律(稀溶液),而组元 A 几乎不溶于富 B 的 β 相。我们分析 α 相的固溶度线(即 T_0 温度时 B 在 α 相中的饱和溶解度 x^α)。图 2.13(b)是 T_0 温度时 α 相和 β 相的自由能曲线示意图,其中公切线在纯 A 轴上的交点 μ_A 是组元 A 在 α 相和 β 相中的化学位,在纯 B 轴上的交点 μ_B 是组元 B 在 α 相和 β 相中的化学位。

根据假设条件,T_0 温度时 A 几乎不溶于 β 相,因此 B 在 β 相中的化学位就等于纯组元 B 的摩尔自由能 G_B,也就是说,B 在 β 相中的活度等于 1。平衡时,B 在 α 相和 β 相中的活度相等,即:

$$a_B^\alpha = a_B^\beta = 1 \tag{2.1}$$

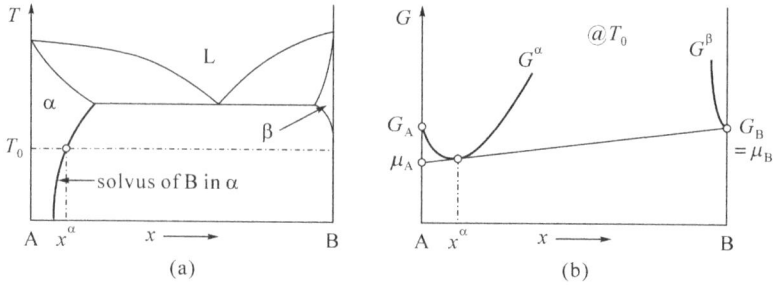

图 2.13　二元相图中的固溶度线

又因为 B 在 α 相中服从亨利定律：

$$a_{\text{B}}^{\alpha} = \gamma_{\text{B}}^{\alpha} x^{\alpha}$$

上式与(2.1)式联立后可得：

$$\gamma_{\text{B}}^{\alpha} = 1/x^{\alpha} \tag{2.2}$$

根据 Gibbs-Helmhotz 公式，单位摩尔 B 溶入稀溶液 α 相的热焓变化量为：

$$\Delta H_{\text{B}} = \frac{\partial R \ln \gamma_{\text{B}}^{\alpha}}{\partial \dfrac{1}{T}}$$

将(2.2)式代入消去 $\gamma_{\text{B}}^{\alpha}$，积分后得：

$$x^{\alpha} = A \exp(-\Delta H_{\text{B}}/RT) \tag{2.3}$$

其中，积分常数 A 反映了原子振动熵 ΔS_{V} 的影响：

$$A = \exp(\Delta S_{\text{V}}/R)$$

(2.3)式说明，当固溶体 α 是稀溶液时，其固溶度线是温度倒数负值($-1/T$)的指数函数。如果已知 B 原子在 α 相中的溶解热 ΔH_{B} 和振动熵 ΔS_{V}，则可以通过(2.3)式计算相图的固溶度线。或者反过来，如果已有相图，并假设 ΔH_{B} 和 ΔS_{V}（在一定温度范围内）是常数，则可通过测量相图固溶度线上的若干个点，再利用拟合方法（例如最小二乘法）计算 ΔH_{B} 和 ΔS_{V}。

必须指出，许多二元系统的固溶度常常超过 1%，不能简单地作为稀溶液处理。为此，有的研究者将 ΔH_{B} 和 ΔS_{V} 展开为泰勒级数，并保留到二次项，这样 (2.3)式可写为：

$$\frac{\ln x^{\alpha}}{1 - 2x^{\alpha}} = \frac{\Delta S_{\text{V}}}{R} - \frac{\Delta H_{\text{B}}}{RT} \tag{2.4}$$

表 2.1 给出了一些简单二元共晶体系中溶解热 ΔH_{B} 和振动熵 ΔS_{V} 的数据。

表 2.1　一些简单二元系中的溶解热 ΔH_B 和振动熵 ΔS_V [①]

溶剂	溶质	$\Delta S_V/R$	$\Delta H_B/R$	溶剂	溶质	$\Delta S_V/R$	$\Delta H_B/R$
Cu	Ag	1.4	4790	Al	Si	1.7	5120
Cu	Fe	3.0	8520	Au	Co	2.5	5900
Ag	Cu	1.4	3960	Pb	Cd	0.81	2160
Ag	Ni	−1.1	4530	Pb	Ni	1.8	5480
Ag	Pb	2.5	4320	Pb	Sb	0.77	2170

2.2.2　固相线(solidus)与液相线(liquidus)

在如图 2.14 所示的二元共晶体系中,假设液相是理想溶液、α 相是规则稀溶液,我们可以根据 α 相和液相的平衡关系,导出图 2.14 中固相线和液相线的数学表达式。

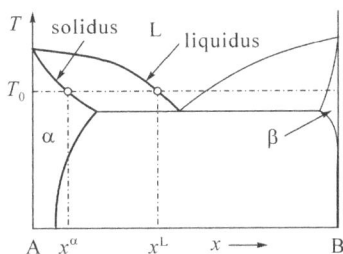

图 2.14　二元相图中的固相线和液相线

根据溶质 B 在 α 相中服从亨利定律,同时 α 相是规则稀溶液这一假设,B 在 α 相中的化学位可写为:

$$\mu_B^\alpha = \mu_B^{0S} + RT\ln x^\alpha + RT\ln \gamma^0$$
$$= \mu_B^{0S} + RT\ln x^\alpha + \Delta H_B$$

其中,ΔH_B 和前面的定义一样,是 B 在 α 相中的溶解热,μ_B^{0S} 是纯 B 固体的化学位。

由于假设液相为理想溶液,所以溶质 B 在液相中的化学位为:

$$\mu_B^L = \mu_B^{0L} + RT\ln x^L$$

其中,μ_B^{0L} 是纯 B 液体的化学位。

平衡时,$\mu_B^\alpha = \mu_B^L$,因此:

$$\ln \frac{x^\alpha}{x^L} = \frac{(\mu_B^{0L} - \mu_B^{0S}) - \Delta H_B}{RT} = \frac{\Delta G_{mB} - \Delta H_B}{RT} \tag{2.5}$$

其中,ΔG_{mB} 是单位摩尔纯 B 液体和固体的化学位差 $\mu_B^{0L} - \mu_B^{0S}$,实际上就是纯 B 在温度 T_0 时的熔化自由能,可用下式近似表示:

---

① 数据来源:Freedman J F, Nowick A S. Calculation of entropies of solute atoms from solid solubilities[J]. *Acta Metallurgica*,1958,6(3):176-183.

$$\Delta G_{mB} = \Delta H_{mB}(1 - T/T_{mB})$$

其中,ΔH_{mB}是单位摩尔纯 B 的熔化热,T_{mB}是纯 B 的熔点。这样(2.5)式可改写为:

$$\ln \frac{x^{\alpha}}{x^{L}} = \frac{\Delta H_{mB}(1 - T/T_{mB}) - \Delta H_{B}}{RT} \tag{2.6}$$

从组元 A 的角度考虑,由于假设在 α 相中溶质 B 服从亨利定律,所以在 α 相中溶剂 A 服从拉乌尔定律。另外,我们已假设液相是理想溶液,所以组元 A 在 α 相和液相中的化学位分别为:

$$\mu_{A}^{\alpha} = \mu_{A}^{0\alpha} + RT\ln(1 - x^{\alpha})$$
$$\mu_{A}^{L} = \mu_{A}^{0L} + RT\ln(1 - x^{L})$$

平衡时,$\mu_{A}^{\alpha} = \mu_{A}^{L}$。采用和对组元 B 处理的相似方法,对组元 A 也可导出类似于组元 B 的(2.6)式那样的关系式(只是其中少了溶解热那一项):

$$\ln \frac{1 - x^{\alpha}}{1 - x^{L}} = \frac{\Delta H_{mA}(1 - T/T_{mA})}{RT} \tag{2.7}$$

在(2.6)式、(2.7)式中,等号左边是确定固相线、液相线成分的变量 x^{α} 和 x^{L},等号右边包括熔点 T_{mA} 和 T_{mB}、熔化热 ΔH_{mA} 和 ΔH_{mB} 以及组元 B 在在 α 相中的溶解热 ΔH_{B} 等纯组元 A 和组元 B 的热力学参数。如果可以从热力学手册上查到这些参数,则可计算出如图 2.14 所示相图中的固相线和液相线。由于纯组元的熔点和熔化热是比较容易查到的参数,通过测量相图的固相线和液相线上的成分点,至少可以估算溶解热 ΔH_{B}。

当然,必须指出,上述所有推导,都是以一定的假设为前提条件的。对实际体系而言,无论是计算固相线、液相线,还是根据相图推算热力学参数,都要充分考虑这些假设可能导致的偏差。

2.3　思考题

1.已知元素 A 和元素 B 的熔化熵都是 8.4J/(mol·K),熔点分别为 1500K 和 1300K。假设 A 和 B 构成简单二元共晶体系,在液态下形成理想溶液,固态下几乎完全不互溶。如果忽略 A-B 二元体系液态和固态之间的比热差异,请计算 A-B 二元相图上的共晶温度和共晶成分。

2.在如图 1.9 所示的 Fe-C 二元相图中,实线表示 Fe 和石墨之间的平衡关系,虚线表示 Fe 和亚稳相 Fe_3C 之间的平衡关系。我们注意到,γ 相和石墨的平衡固溶度低于和 Fe_3C 之间的平衡固溶度。请结合自由能-成分曲线给予定性说明。

3. 请利用图 2.5(d)给出的 Ag-Cu 二元相图,在 Ag 可固溶一定量 Cu 并形成稀溶液而组元 Cu 中几乎不固溶 Ag 的近似假设条件下,估算 Cu 在 Ag 中的溶解热 ΔH_B 和振动熵 ΔS_v,与表 2.1 中的数据比较,并简要说明产生偏差的原因。

4. 自己找一个本书没有提到过的相图进行分析,说明可以从中获得哪些教科书上没有提到过的信息。

第 3 章

晶体的界面

晶体材料的界面一般可分为自由表面(固-气界面)、晶界(同一相中晶粒之间的界面)和相界(不同相之间的界面)等三类。材料中的凝固、晶体生长、沉淀析出与颗粒粗化、再结晶与晶粒长大等相变过程或微观组织变化过程,几乎都是发生在各类界面上,或者通过各类界面进行的。

3.1 表面及其热力学特性

有关晶界的研究是在表面问题研究的基础上发展起来的,因此本节首先从表面的热力学性质开始进行讨论。有关表面热力学问题的大部分结论同样适用于晶界。

3.1.1 表面自由能与表面张力

肥皂泡(见图 3.1)不仅是儿童普遍喜欢玩耍的,而且也是早年数学家和物理学家研究最小表面积、曲率、压强、表面能等问题的主要实验对象。在材料科学研究领域,早期有关晶粒长大过程的研究也是以肥皂泡作为模型进行的[1]。

图 3.1　吹肥皂泡的小孩

单位面积的表面自由能(在不引起误会的情况下,简称为"表面能")一般用希腊字母 γ 表示。表面能包含三部分:由于单位面积表面上原子断键引起的能量上升(ΔH_{sv})、由于表面原子排列比较疏松引起的体积功变化($p\Delta V$),以及由于表面原子排列更加无序而引起的熵的增加($T\Delta S$):

$$\gamma = \Delta H_{SV} + p\Delta V - T\Delta S \tag{3.1}$$

(3.1)式中最主要的是第一项,即表面原子断键引起的能量上升。如果每个表面原子有 z_b 个断键,原子间的键能为 ε,则单个表面原子由于断键引起的能量上升为:

$$E_S = z_b\varepsilon/2 \quad \text{(单位:J/表面原子)} \tag{3.2}$$

原子间的键能 ε 可以通过纯金属的升华热 L_S 估算,如果忽略次近邻原子间的作用能,则可以近似认为升华热就是把所有原子键都打断所需的能量,即:

$$L_S = zN_A\varepsilon/2 \tag{3.3}$$

其中,z 是原子配位数(最近邻原子数);N_A 是阿伏伽德罗常数,$N_A = 6.022\times10^{23}$。

由(3.3)式、(3.2)式得到:

$$E_S = (z_b/z)(L_S/N_A) \quad \text{(单位:J/表面原子)} \tag{3.4}$$

除了断键能以外,体积功和熵对表面能都有一定贡献,特别是熵的影响不能被忽略。从本质上讲,表面熵包含了表面原子的振动熵和组态熵两部分,即相对于体内原子,表面原子的振动频率发生变化,表面原子可占据的几何位置数目增多。

根据爱因斯坦模型,当温度 $T \gg h\nu/k$ 时,每个振子的平均熵为 $k_B\ln(k_B T/h\nu)$,其中 h 是普朗克常数,k_B 是波尔兹曼常数。在晶体表面处,原子在垂直于表面的 Z 方向上的那个振子的频率由 ν 变为 ν'(而在 X、Y 方向仍为 ν)。因此,形成表面后由于原子振动频率变化而引起振动熵的变化为:$k_B[\ln(k_B T/h\nu') - \ln(k_B T/h\nu)] = k_B\ln(\nu/\nu')$。据估算,原子在垂直表面方向上的振动频率约为正常值的 $1/\sqrt{2}$,因此每个表面原子的振动熵为 $k_B\ln(\nu/\nu') = k_B\ln\sqrt{2} \approx 0.35k_B$。如果进一步考虑不同晶面的影响,对体心立方和面心立方金属而言,估计表面原子振动熵为 $0.2k_B \sim 1.1k_B$。

表面原子的组态熵与表面的微观粗糙程度相关,尤其在高温时,粗糙的表面为表面原子提供了更多的可选位置。据估计,当金属的温度为 $0.5T_m \sim T_m$ 时,每个表面原子的组态熵为 $0.1k_B \sim k_B$。

综合考虑表面原子的振动熵和组态熵,可以认为,每个表面原子产生的表面熵约为 k_B,并且不随温度变化。因此,(3.1)式可近似写为:

$$\gamma = [(z_b/z)(L_S/N_A) - k_B T]N_S \quad \text{(单位:J/m}^2\text{)} \tag{3.5}$$

其中,N_S 是单位表面积上的原子数目。

虽然上面的讨论只是一种粗略的分析,但至少告诉我们,表面能 γ 随升华热 L_S 上升而增加,并随温度 T 上升而降低。作为一个基本的数量级概念,大多数金属的表面能在 2J/m^2 左右。

根据热力学第一定律,表面自由能与表面张力相关联。如图 3.2 所示,在一个宽度为 L、一端有一根可活动金属丝的框架上,有一张初始表面积为 A 的液体薄膜。此时系统的自由能可写为:

$$G = G_0 + A\gamma \tag{3.6}$$

其中,G_0 是系统中所有材料都是块体时的自由能;γ 是液体以薄膜状态存在,形成单位面积超额表面积而产生的自由能,即薄膜的表面自由能,单位是 J/m^2。

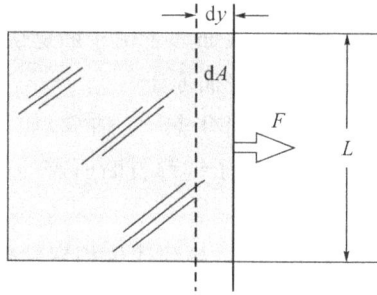

图 3.2 液体薄膜的表面张力

如果在图 3.2 中的活动金属丝上施加一个恒定的力 LF(其中 L 是活动金属丝与液体薄膜之间的接触线长度),使金属丝向右移动距离 dy,则外力所做的功为:

$$W = FL\,dy \tag{3.7}$$

这里,施加在单位长度上的力 F 等于克服薄膜收缩的力(即表面张力)。(3.7)式给出的外力所做的功 W 等于由于薄膜表面积增加而引起的系统自由能的变化,即:

$$FL\,dy = dG = A\,d\gamma + \gamma\,dA \tag{3.8}$$

假设在这个过程中,液体薄膜的表面自由能 γ 保持不变,则有:

$$FL\,dy = \gamma\,dA = \gamma L\,dy$$

由此得到我们熟知的关系式:

$$F = \gamma \tag{3.9}$$

其物理意义是表面自由能(单位:J/m^2)在数值上等于表面张力(单位:N/m)。

有关(3.9)式,需要说明以下两点:

(1) 对固体而言,(3.9)式不一定成立。原因在于当固体在外力作用下表面积发生改变时,表面原子结构需要较长时间从体内扩散到表面并重新排列以恢复到原始状态,而表面自由能 γ 与表面原子结构排列状态密切相关。如果实验过程(即表面积变化过程)的速度超过表面原子结构重排恢复的速度,则(3.8)式中的 $A\,d\gamma$ 项就不能被忽略。所以,对固体材料而言,(3.9)式只有在接近熔点(或者表面积变化速度极慢)时才能适用。

(2) 虽然表面张力 F 和表面自由能 γ 在数值和量纲上都相等,但两者的单位是不同的。更重要的是,表面张力 F 是一个有方向的矢量,其方向指向作用点处表面的曲率中心。

3.1.2 拉普拉斯方程

考虑一个半径为 r,表面自由能为 γ 的肥皂泡。由于表面自由能的作用,肥皂泡内部压强需要大于外部以维持肥皂泡的形状。假设肥皂泡内部的压强比外部环境压强高 p,这个压强差使肥皂泡体积变化 dV 所做的功等于肥皂泡总的表面自由能的变化量,即:

$$p\,dV = \gamma\,dA \tag{3.10}$$

其中,A 是肥皂泡的表面积。当肥皂泡是球形时,$dV = 4\pi r^2\,dr$,$dA = 8\pi r\,dr$,将其代入

(3.10)式得：

$$p = 2\gamma/r \tag{3.11}$$

对不规则的肥皂泡，(3.11)式可写为：

$$p = \gamma\left(\frac{1}{\rho_1} + \frac{1}{\rho_2}\right) \tag{3.12}$$

其中，ρ_1 和 ρ_2 是肥皂泡的两个主曲率半径。

(3.11)式和(3.12)式一般称为"拉普拉斯方程"[①]。拉普拉斯方程表明作用在非球形肥皂泡曲面上每一个压强差是不同的，曲率半径越小（即弯曲越强烈）的地方，内外压强差越大。

拉普拉斯方程是描述弯曲表面形状特征（如液滴、毛细管现象等）的通用方程，在化学、医学等领域具有重要应用，在材料科学领域的液态金属特性、凝固过程、晶粒生长和晶粒长大等过程中也有广泛应用。如果把(3.12)式中的两个主曲率半径用坐标参数的函数表达，可以发现(3.12)式本质上是一个非线性高阶微分方程。即使是对如图 3.3 所示的相对简单的轴对称弯曲表面，如果用圆柱坐标系的 z（高度）和 r（直径）来表达(3.12)式中的两个主曲率半径，则拉普拉斯方程也是一个非线性二阶方程：

$$p = \gamma\left[\frac{z''}{(1+z'^2)^{3/2}} + \frac{z'}{(1+z'^2)^{1/2}}\right] \tag{3.13}$$

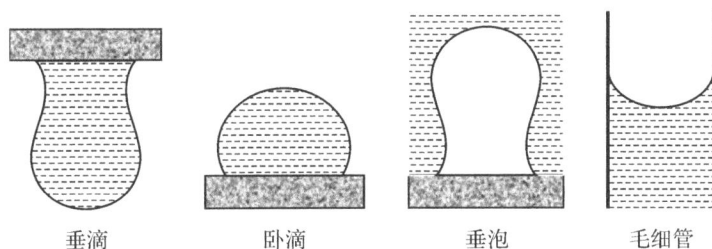

垂滴　　　　卧滴　　　　垂泡　　　　毛细管

图 3.3　一些典型的轴对称液体表面形状

现在已经有许多方法[2]，可以通过测量如图 3.3 所示的曲面形状，采用非线性拟合方法求解(3.13)式，进而计算液体的表面自由能。

3.2　晶界类型与晶界模型

3.2.1　晶界的基本特征

晶界是一种晶体缺陷。晶界是晶体生长过程受到某种（或多种）阻碍而终止以后，在

---

① 拉普拉斯方程在一些文献中也被称为"杨-拉普拉斯方程"。杨（Thomas Young，1773—1829）首先在 1805 年提出了有关液体弯曲表面特性的理论解释。一年后，拉普拉斯侯爵（Pierre-Simon marquis de Laplace，1749—1827）对这个问题进行了详细的数学描述。

晶体材料内部形成的界面。晶体的生长过程,既包括从无定形的气相、液相或固相中形成并逐渐长大的过程,例如气相沉积晶体生长、凝固过程、玻璃态物质的晶化过程等;也包括从自由能更高的晶体中生长自由能较低的晶体的过程,例如冷变形金属的再结晶、二次晶粒长大、过饱和固溶体中的第二相颗粒析出、因环境温度变化引起的固态相变等过程。一颗晶粒在生长过程中受到阻碍,其根本原因是维持其生长的条件消失,例如凝固或再结晶过程中正在生长的晶粒遭遇另一颗晶粒,第二相颗粒析出过程中附近的过饱和度已完全消耗,等等。

晶界是一种热力学非平衡态的缺陷。从理论上讲,晶界(不包括相界)是可以通过"无限长时间"热处理消除的。但晶界运动的速度远远低于位错缺陷,所以系统中晶界总面积的降低(对应于平均晶粒尺寸的上升)过程是非常缓慢的。

晶界是多晶体材料内部的高能区域。除了某些特殊晶界(如孪晶界、共格晶界、小角度或特殊角度晶界等)以外,大部分晶界可以理解为若干个原子层厚的原子无序排列区域。晶界的这种局部高能特征,使之可能与其他晶体缺陷复合以降低系统总的自由能。一个典型的例子是晶界与杂质原子的复合。固溶体中的溶质原子也是一种点缺陷,当溶质原子进入原子排列相对混乱的晶界后,可以降低系统总的自由能。溶质原子在固溶体中的固溶度越低,表明它们进入晶体内部所引起的自由能上升更显著,所以将更倾向于进入晶界区域。图3.4给出了一些金属材料中合金元素的晶界富集度(晶界处浓度 x_b 和平均浓度 x_0 之比)与固溶度之间的相关关系。可以看到,随着合金元素在不同材料中的固溶度的降低,它们在晶界处的富集程度迅速上升。例如,Au 和 Cu 固态下可以完全互溶,Au 作为合金元素在 Cu-Au 合金多晶体的晶界上的富集度大约是4,相当于 Au 在 Cu 基固溶体的晶界上的浓度是平均浓度的4倍。而 Bi 在 Cu 中的固溶度很低,大约只有 7×10^{-5},相应地,Bi 在 Cu-Bi合金晶界上的富集度高达 5×10^4,即晶界浓度是平均浓度的5000倍左右。这种现象,在固溶度低、添加量少的半导体材料掺杂等研究领域需要特别重视。

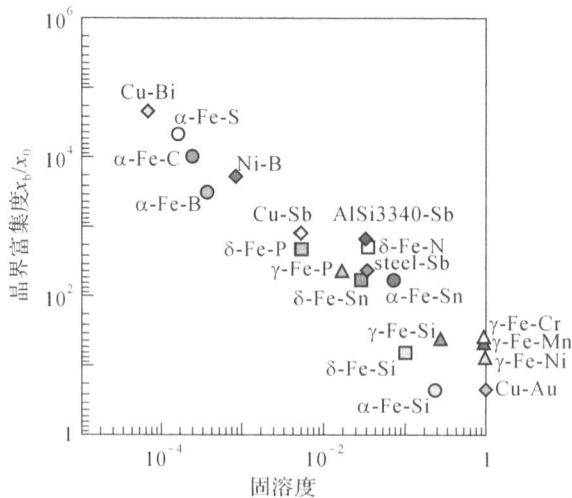

图 3.4 合金元素在晶界处的浓度 x_b 和平均浓度 x_0 之比与固溶度的关系

3.2.2　晶界类型及其自由能

单相多晶体材料中的晶界几何特征,取决于晶界两侧晶粒的取向关系(3 个自由度)、晶界相对于晶粒的取向关系(平直晶界有 2 个自由度,弯曲晶界有 3 或更多自由度)。因此描述一个晶界,一般来说至少需要 5 个几何变量。但在许多情况下,经常用一些简化的几何模型代替实际晶界,如图 3.5 所示即为两种最简单的晶界模型。其中,图 3.5(a)是一颗晶粒绕平行于界面的某个轴相对于另一颗晶粒旋转角度 θ,所构成的晶界称为倾转晶界;图 3.5(b)是一颗晶粒绕垂直于界面的某个轴相对于另一颗晶粒旋转角度 θ,所构成的晶界称为扭转晶界。

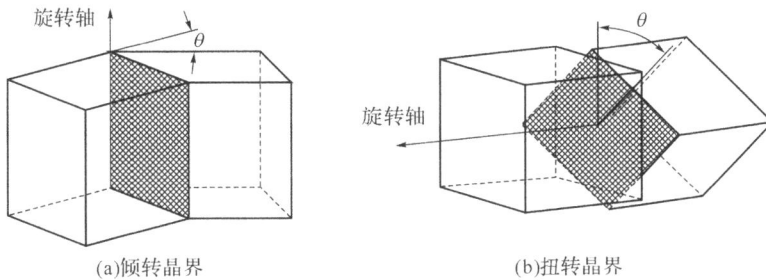

(a)倾转晶界　　　　　　　　　　(b)扭转晶界

图 3.5　两颗晶粒之间的相对取向和晶界

当两颗晶粒之间的取向差(即图 3.5 中的旋转角 θ)较小时,晶界可以看作是一系列位错的组合。图 3.6 是两种对称的小角度晶界,其中小角度倾转晶界可看作是一组平行的刃型位错阵列,小角度扭转晶界是由两组螺型位错构成的交叉网络。

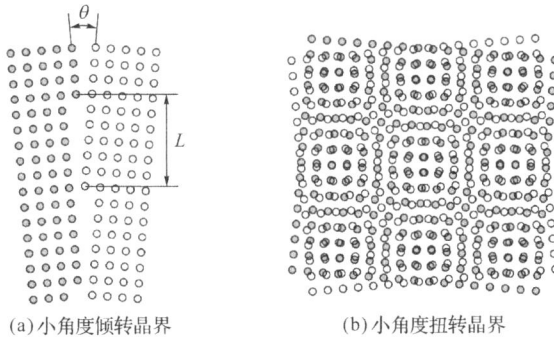

(a)小角度倾转晶界　　　　　　　(b)小角度扭转晶界

图 3.6　两种对称的小角度晶界(○:上层原子,●:下层原子)

在小角度晶界中,界面上大多数原子的位置几乎与两侧晶粒中的原子位置完全重合,但在位错核心区域存在晶格畸变,从而导致晶界自由能的上升。小角度晶界上的位错密度越高,则自由能也越大。如图 3.6(a)所示,晶界上位错密度反比于位错之间的距离 L。当取向差 θ 较小时,$L = \boldsymbol{b}/\tan\theta \approx \boldsymbol{b}/\theta$,其中 $\boldsymbol{b}$ 是位错的柏氏矢量。因此,小角度晶界的自由能正比于 θ,即:

$$\gamma_b \propto \theta \tag{3.14}$$

但当取向差 θ 较大时,如图 3.7 所示,晶界上的位错畸变区相互重叠,已难以分辨单个位错。这时在晶界附近几个原子层厚度范围内,原子结构松散,接近于无序排列,其自由能 γ_b 也趋向于一个与晶界两侧晶体取向差无关的常数。与晶体表面状态类似,晶界附近原子也存在断键(或能量相对较高的弱结合键)以及一定程度的原子排列无序性。一些实际测量结果表明,大角度晶界的自由能 γ_b 大约为表面自由能 γ_{sv} 的 $1/3$:

$$\gamma_b = \gamma_{sv}/3 \tag{3.15}$$

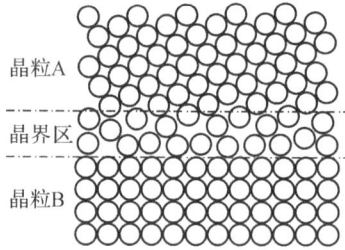

图 3.7　大角度晶界的界面区

表 3.1 列出了一些纯金属的晶界自由能测量值。和表面能一样,同一种晶体的晶界自由能也随温度上升而略有降低。

表 3.1　一些纯金属的晶界自由能测量值[①]

金属	$\gamma_b/(J/m^2)$	$T/℃$	γ_b/γ_{sv}	金属	$\gamma_b/(J/m^2)$	$T/℃$	γ_b/γ_{sv}
Sn	0.164	223	0.24	γ-Fe	0.756	1350	0.40
Al	0.324	450	0.30	δ-Fe	0.468	1450	0.23
Ag	0.375	950	0.33	Pt	0.660	1300	0.29
Au	0.378	1000	0.27	W	1.080	2000	0.41
Cu	0.625	925	0.36				

由于晶体中原子位置的对称性,如果两颗相邻晶粒之间绕特定轴旋转某个特殊的角度,那么其所形成的大角度晶界仍然具有比较规则的原子结构和明显低于一般大角度晶界的自由能。这类晶界被称为特殊大角度晶界。

孪晶界是最简单的低能特殊大角度晶界。孪晶是指两个相邻晶粒沿一个公共晶面(孪晶面)构成镜面对称的取向关系,这两个晶体就称为孪晶。孪晶界可分为共格孪晶界(coherent twin boundary)和非共格孪晶界(incoherent twin boundary)。如图 3.8(a)所示,共格孪晶界与孪晶面重合,晶界上的原子同时位于两个晶粒的点阵结点上,为两个晶体所共有。因此,共格孪晶界属于原子位置完全匹配的无畸变晶面,具有非常低的界面自由能。在二维截面上(如在显微镜下),共格孪晶界是一条直线。如果孪晶界和孪晶面之

---

　① 数据来源:Murr L E. *Interfacial Phenomena in Metals and Alloys*[M]. London:Addison-Wesley,1975.

间有一个夹角,则将构成如图 3.8(b)所示的非共格孪晶界。此时,晶界原子存在一定程度的错排,虽然其界面自由能比一般的大角度晶界低得多,但仍明显高于共格孪晶界。表 3.2给出了一些面心立方金属中的孪晶界和普通晶界的界面能。

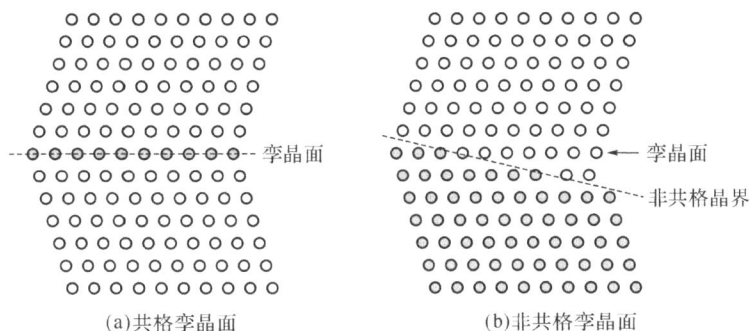

(a)共格孪晶面　　　　　　　　　(b)非共格孪晶面

图 3.8　共格孪晶界和非共格孪晶界

表 3.2　一些面心立方金属的晶界自由能[①]　　　　　　　　　　单位:J/m^2

金属	共格孪晶界	非共格孪晶界	一般大角度晶界
Cu	0.021	0.498	0.623
Ag	0.008	0.126	0.337
304 不锈钢	0.019	0.209	0.835

图 3.9 是 Al 中相邻晶粒取向差分别绕〈100〉轴和〈110〉轴旋转 θ 角时的界面能测量值[3]。当旋转轴平行于〈100〉轴时,整个大角度晶界范围内的界面能接近于一个常数。但当旋转轴平行于〈110〉轴时,存在若干界面能特别低的特殊旋转角,其中 70.5°对应于共格孪晶面。

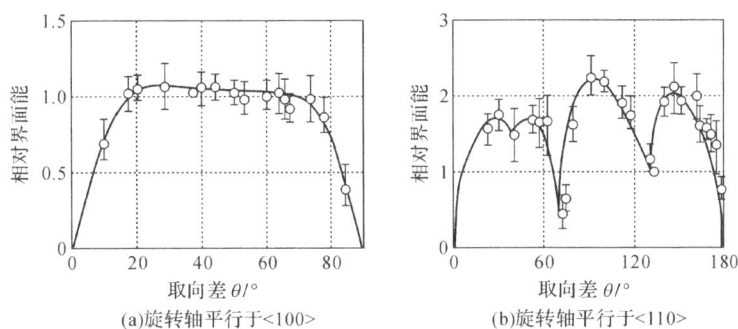

(a)旋转轴平行于<100>　　　　　(b)旋转轴平行于<110>

图 3.9　Al 旋转晶界的界面能测量值[②]

---

　　①　数据来源:Murr L E. *Interfacial Phenomena in Metals and Alloys* [M]. London:Addison-Wesley,1975.

　　②　图 3.9根据以下文献数据绘制而成:Hasson G C,Goux C. Interfacial energies of tilt boundaries in aluminium:experimental and theoretical determination [J]. *Scripta Metallurgica*, 1971, 5(10): 889-894.

除了对应于 $\theta=70.5°$ 的共格孪晶面以外，关于图 3.9(b)中其他几个特殊 θ 角具有较低界面能的原因虽然还不是十分清晰，但已有许多理论研究。例如，如图 3.10(a)所示的"重合位置点阵"或"重合点阵"[4,5]晶界。当左右两个晶粒的取向差满足一定条件时，晶体中的一些原子(实心圆点表示)的位置同属于左右两个晶粒的原子位置。同时，这些重合位置本身构成了一个穿越晶界的周期性图案(即"重合点阵")。一般用 $1/\Sigma$ 表示重合点阵的重合度，图 3.10(a)所示为面心立方晶体绕⟨111⟩轴旋转 38.2°后形成的 1/7 重合点阵[6]。在两个具有重合点阵关系的晶粒之间的界面上，由于一些原子的位置同属于相邻两个晶粒，从而具有较小的原子畸变和较低的界面能。图 3.10(b)所示为另一类低能晶界，在这种晶界上存在一些周期性的原子团。计算表明，除共格孪晶界以外，这类原子团晶界具有最低的界面能[6]。

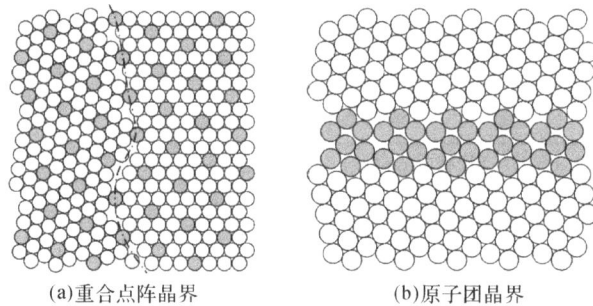

(a)重合点阵晶界　　　　　　　　　　(b)原子团晶界

图 3.10　重合点阵晶界和原子团晶界

3.2.3　多晶体材料中的晶界局部平衡

实际材料大多是三维块体，我们在显微镜下看到的显微组织实际上只是材料三维空间中的一个截面。在这个截面上，两个晶粒之间的界面表现为一条线，三个晶粒之间的棱边表现为一个三叉点，而实际三维空间中四个晶粒相交的顶角在二维截面上是看不到的。尽管一个截面不能全面反映实际三维多晶体组织的完整显微组织，但我们仍然可以从中获取有关实际多晶体显微组织的一些重要特征。

晶界作为高能区，从热力学角度考虑，存在内部晶界的多晶体远未达到整体的热力学平衡状态，但在材料合成制备以及后续热加工过程中，晶界通过演变和迁移使其达到局部的、动态的亚平衡状态。如图 3.11(a)所示，三个晶粒之间的界面能分别为 γ_{12}、γ_{23} 和 γ_{31}，如果三个晶界的"深度"都是单位长度，则根据(3.9)式，作用在图 3.11(b)二维截面图的三个晶界上的张力等于 γ_{12}、γ_{23} 和 γ_{31}。这三个张力在晶界的相交点 O 处必须达到局部平衡，即这三个张力在数值上与晶界之间的三个夹角之间存在如下关系[①]：

$$\frac{\gamma_{23}}{\sin\theta_1}=\frac{\gamma_{31}}{\sin\theta_2}=\frac{\gamma_{12}}{\sin\theta_3} \tag{3.16}$$

---

①　在这里实际上已经假设界面能只与两侧晶粒之间的取向有关，而与晶界本身的取向无关。

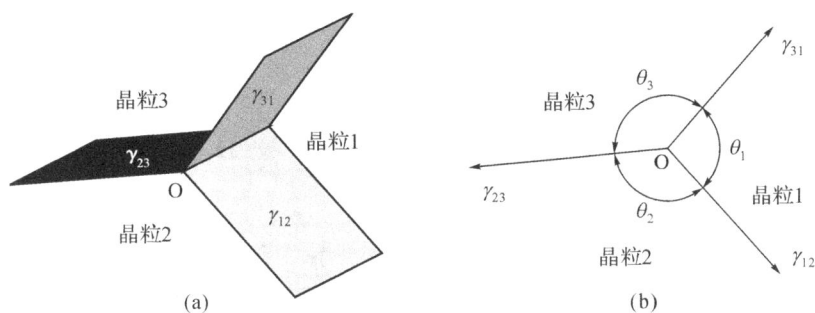

图 3.11　晶界相交处的界面张力平衡

在多晶体中,晶粒的尺寸和邻晶的数量通常都是不同的。晶界在三叉点处的局部平衡条件(3.16)式意味着大多数晶界将是弯曲的。作为一种简化讨论,假设界面能 γ_{12}、γ_{23} 和 γ_{31} 都相等(如都是大角度晶界),则由(3.16)式可知,三个晶粒之间的夹角都是 $120°$。进一步地,如果考虑二维平面(或二维截面)上的一个等边晶粒,为维持晶界三叉点处局部平衡所要求的 $120°$ 夹角,只有六边形晶粒的晶界是直线,而边数小于 6 的晶界将呈外凸状,边数大于 6 的晶界为内凹状,如图 3.12 所示。

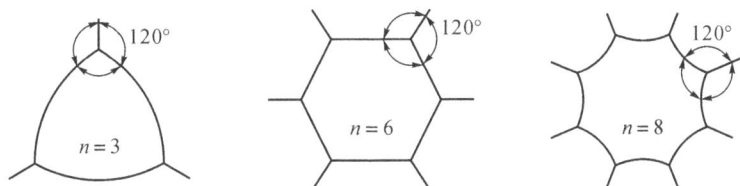

图 3.12　不同边数 n 的等边二维晶粒模型

在实际多晶体材料中,晶界的类型和界面能常常是不同的,其中除了小角度晶界和大角度晶界以外,还可能包括各种界面能较低的特殊大角度晶界。在许多情况下,可以根据晶界的几何形状特征以及在三叉点处晶界间的夹角关系,定性判断晶界的特性。例如,在退火奥氏体不锈钢的显微组织照片(见图 3.13)中,可以看到具有不同几何特征的晶界。以中部那个晶粒周边的晶界为例,其中用字母"a"标注的是一般的大角度晶界;而以"b"标注的是界面能(界面张力)较小的小角度晶界,因为它对面的两条晶界(晶界 a 和上面那一条晶界)之间的夹角明显大于 $120°$。一般的大角度晶界和小角度晶界通常是弯曲的,而共格孪晶界常常是一个几何平面,在二维截面上表现为一条直线,如图 3.13 中的 c 所指示的两段晶界。图中 d 所指的是非共格孪晶界,其特征是连接两个非共面的共格孪晶界。

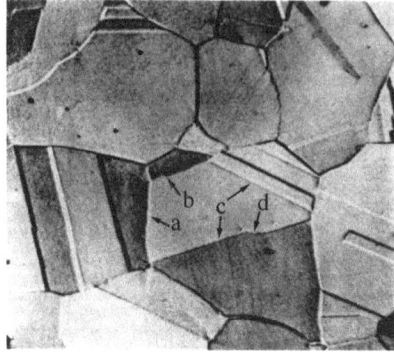

图 3.13　退火奥氏体不锈钢的显微组织

3.2.4　多相固体中的相界面

一个多相固体中分属不同相的两个晶体(晶粒)之间的界面称为"相界面"。

相界面两侧的晶体具有不同的点阵结构或者化学成分,但在个别特殊情况下,相界面两侧的原子排列有可能相同。这时相界面一侧原子点阵穿越界面与另一侧点阵匹配,构成"共格界面"。如图 3.14(a)所示,具有类似晶体点阵的两相界面附近原子排列结构,在相界面所在的 xz 晶面上(图中 z 轴垂直于纸面),α 相和 β 相的原子排列完全相同,无论在 y 方向的原子间距是否相同,都可以形成平行于 xz 面的无应变的共格界面。事实上只要在相界面所在平面上两相原子排列相似就能形成共格界面,并不要求两相的晶格点阵类型相同。如图 3.14(b)所示,α 相为四方或正交晶系结构,而 β 相可能是面心立方结构或者六方结构。

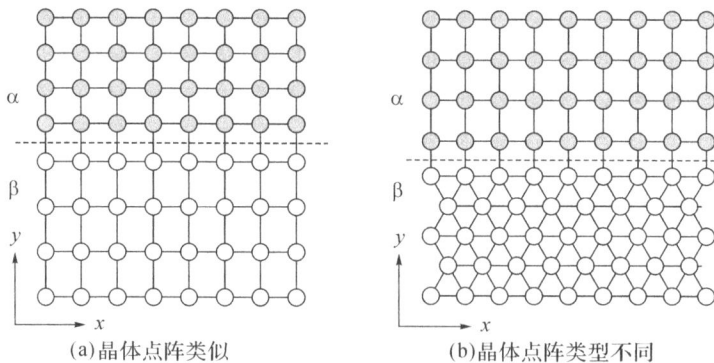

(a)晶体点阵类似　　　　　　　　(b)晶体点阵类型不同

图 3.14　共格相界面

在实际多相体系中,由于两相之间原子尺寸、晶格常数的不同,相界面两侧的原子间距总是存在一定差异,或错配度 δ。它由两相在平行于相界面的某相对密排方向上的原子间距 d_α 和 d_β 之间的相对差异定义:$\delta = (d_\beta - d_\alpha)/d_\alpha$。当 δ 较小时,相界面将通过周期性位错补偿调整,以维持界面上大部分区域的共格关系。图 3.15 是一张 $Mg_2(Si,Sn)$ 合金的高分辨率电镜照片,其中白色线条是为醒目显示相界面和晶格衍射条纹而添加的。$Mg_2(Si,Sn)$ 合金具有面心立方晶体结构,由于 Si 和 Sn 之间的原子尺寸差异,在一定条件下,$Mg_2(Si,Sn)$ 固溶体将分解为晶格常数较小的富 Si 相和晶格常数稍大的富 Sn 相。在图 3.15 中可见,相界面处的位错(图中 A 附近)补偿了由于两相原子间距差异引起的错配度,使左侧富 Si 相与右侧富 Sn 相在界面处整体上保持共格关系。

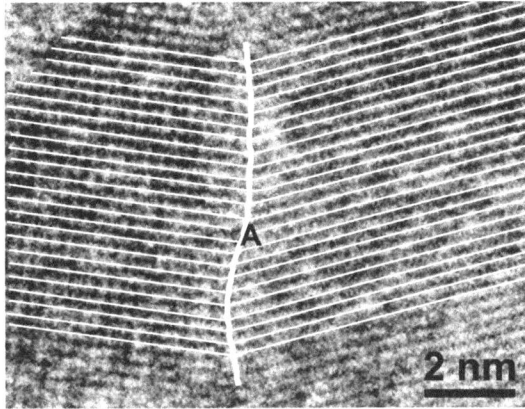

图 3.15 $Mg_2(Si,Sn)$ 合金中的共格界面(其中左侧为富 Si 相晶粒,右侧为富 Sn 相基体)

这里必须指出,由于我们能够看到的显微组织结构只是三维材料中的一个二维截面,显微组织照片中界面两侧原子阵列的匹配并不是证明构成共格界面的充分依据,还需要根据两个相的结构特征和相关晶面上的原子排列情况分析判断。

如前所述,共格界面只有在原子排列错配度 δ 较小时才能形成。当 $\delta > 0.25$ 时,相当于界面上最多每 4 个原子间距就需要插入一个位错。此时,位错附近的晶格畸变区将发生重叠,这样的界面已不能被认为具有共格关系,而属于非共格界面。非共格界面是多相材料中最常见的相界面,相界面原子排列错配度大是其中一个原因,但更多见的是由于两相之间晶格点阵类型或者相界面所在晶面原子排列类型不同而导致的。非共格界面上的原子通常是无序排列的(类似于一般的大角度晶界),因此也会有比共格界面高几个数量级的界面能(通常为 $0.5 \sim 1 J/m^2$)。

3.3 第二相颗粒的纳米尺寸效应

两相系统的微观组织有多种形态,根据两相组织的形成过程,可粗略地分为两类。一类是两个相在同时形成,其典型例子是通过共晶反应或共析反应形成的微观组织。这种组织中最常见的是两相交替排列的层片状组织,例如成分为 Fe-0.76wt%C 的珠光体通常为铁素体(α-Fe)片和渗碳体(Fe_3C)片交替排列的层片状组织。另一类是在母相中生成新相而形成的两相组织,其典型例子是通过沉淀析出(也称为"脱溶析出")在过饱和固溶体中形成第二相。这类组织通常表现为第二相颗粒孤立分布于母相中。本节和下一节分别讨论沉淀析出相的颗粒形态和界面能的影响。

　　对如图 3.16 所示的某亚共晶成分 A-B 二元合金，经熔化凝固后形成 α 相和片状 β 相组织。在随后的冷却过程中，由于 α 相中 B 组元的溶解度随温度下降而降低，又析出了球状 β 相颗粒。在 T_0 温度时，系统由 α 相、片状 β 相和球形 β 颗粒组成。现在我们讨论在 T_0 温度保温时，系统中可能发生的变化。

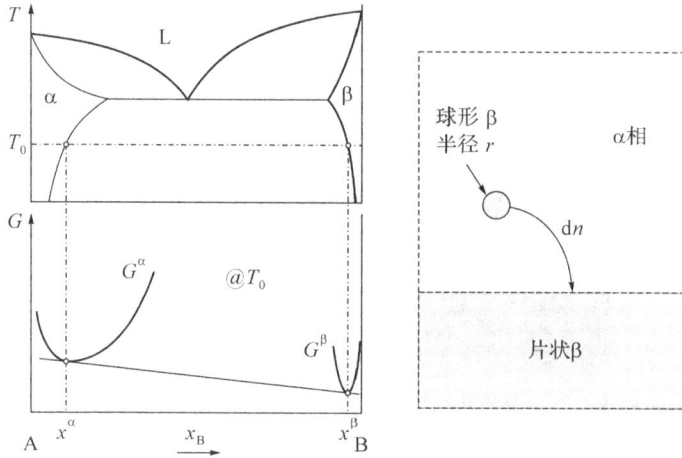

图 3.16　二元系统两相平衡时的自由能与物质迁移

　　由于片状 β 相的体积比球形 β 颗粒大得多，而且其表面曲率半径趋向于 ∞，因此相对于半径为 r 的球形 β 颗粒，可以把片状 β 相理解为 β 块体（bulk）。假设 β 颗粒中有 dn 摩尔物质通过扩散穿越 α 相转移到 β 块体中，系统体积自由能的变化量是：

$$dG_1 = (\mu_r - \mu_b)dn = RT\ln(a_r/a_b)dn \tag{3.17}$$

其中 μ_r 和 μ_b 分别为 B 组元在半径为 r 的 β 颗粒和 β 块体中的化学位。根据两相平衡条件，在两相界面附近，B 组元在 α 相和 β 相中的化学位相等，因此 μ_r 和 μ_b 又可理解为分别是 B 组元在 β 颗粒附近的 α 相中和在 β 块体附近的 α 相中的化学位。相应地，a_r 和 a_b 分别为 B 组元在 β 颗粒附近和 β 块体附近的 α 相中的活度。

　　在体积自由能发生变化的同时，β 颗粒的表面积由于 dn 摩尔物质转移出去而相应减小（β 块体增加 dn 摩尔物质引起的表面积变化可以忽略不计），从而引起系统界面能的变化。如果 β 相的摩尔体积为 V_m，则 β 颗粒减少 dn 摩尔物质引起的半径变化量为 $dr = -(V_m dn)/(4\pi r^2)$，表面积变化为 $dA = -8\pi r dr = -2V_m dn/r$，如果单位面积界面能为 γ，则由于 dn 摩尔物质从 β 颗粒中转移到 β 块体中引起的系统界面能的变化量是：

$$dG_2 = -(2\gamma/r)V_m dn \tag{3.18}$$

平衡时 $dG_1 + dG_2 = 0$，即：$RT\ln(a_r/a_b)dn - (2\gamma/r)V_m dn = 0$，或

$$RT\ln(a_r/a_b) = (2\gamma/r)V_m \tag{3.19}$$

如果假设 B 组元在 α 相中服从亨利定律（即活度正比于浓度），则（3.19）式可写为：

$$x_r/x_b = \exp[2\gamma V_m/(rRT)] \tag{3.20}$$

由于(3.20)式右边指数项中的所有量都大于零,因此只要 r 不是无穷大,那么 x_r/x_b 总是大于 1 的。(3.20)式又称为 Thomson-Freundlich 公式,该公式的物理意义是:如果系统中的第二相同时存在小颗粒和大块体两种形态,那么溶质在颗粒附近的浓度将大于块体附近的浓度。为了对(3.20)式有一种定量概念,假设界面能 $\gamma = 1\mathrm{J/m}^2$,摩尔体积 $V_m = 1 \times 10^{-5}\,\mathrm{m}^3/\mathrm{mol}$,温度 $T = 500\mathrm{K}$,则根据(3.20)式计算得到的 x_r/x_b 和 r 的关系如图 3.17 所示。可见只有当颗粒半径小于 100nm 时,颗粒附近和块体附近的浓度才有可观察到的差异;而当颗粒半径小于 10nm 时,颗粒附近的溶质浓度将显著高于块体附近,并且随颗粒尺寸的进一步减小而迅速上升。

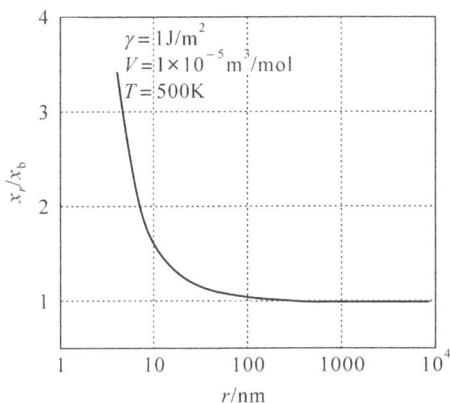

图 3.17　颗粒附近和块体附近溶质浓度比值与球形颗粒半径的关系

小颗粒相对较大的比表面积提高了单位摩尔自由能。根据(3.18)式,半径为 r 的球形颗粒的单位摩尔自由能比块体材料高 $2\gamma V_m/r$,如图 3.18(a)所示。由于球形小颗粒的体积自由能 G_r^β 曲线位置上升,它与 G^α 曲线的公切线在 G^α 曲线上的切点位置也相应从 x^α 点向右偏移到溶质浓度更高的 x_r^α 点。反映在相图上,如图 3.18(b)所示,与半径为 r 的球形 β 相颗粒平衡的 α 相固溶度线(见图中虚线)也向右偏移,或者说,小颗粒附近的溶质浓度将高于块体的浓度。

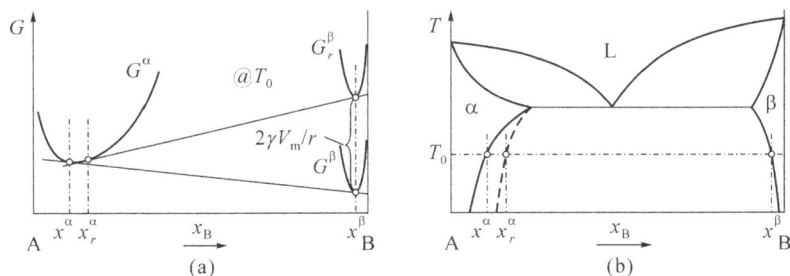

图 3.18　表面能对体积自由能的贡献及其引起的溶解度变化

　　进一步分析 Thomson-Freundlich 公式[即(3.20)式]，我们看到对于给定的单位面积界面能 γ，x_r/x_b 随颗粒尺寸 r 和温度 T 的下降而呈指数关系上升。其中温度的影响在图 3.18(b) 中也可以看到，即与小颗粒平衡的固溶度线(见图中虚线)随温度下降而越来越明显地偏离标准态固溶度线(见图中实线)。而根据溶解度与颗粒尺寸的关系，我们还可以获得以下一些推论。

　　第一，如果系统中存在大小不一的 β 相球形颗粒，则小颗粒附近 α 相中的溶质(B 组元)浓度将高于大颗粒附近。或者说，在 α 相中将存在溶质原子的浓度梯度，驱动溶质原子从小颗粒附近向大颗粒附近扩散，从而导致被称为奥斯瓦德熟化(Oswlad ripening)的现象。这将在 6.3.1 节详细讨论。

　　第二，如果第二相颗粒的尺寸非常小，由(3.20)式可知，与其平衡的溶解度 x_r 可以非常高。因此，至少在理论上，只要颗粒尺寸足够小，任何物质都可以被溶解在任意溶剂中，即使是对大块材料而言溶解度很低的体系。例如，颗粒尺寸非常小的纳米银粉可以被溶解在水中。

3.4　界面自由能取向关系图

　　在多相固体中，异相之间的界面能通常与晶面有强烈相关性。如前所述(参见 3.2.4 节)，共格界面的界面能有可能比一般的晶面低两个数量级或更多。虽然构成理想共格界面需要相界面处两相的原子排列完全一致，但即使存在一定差异，只要错配度小于 25%，通过位错补偿仍可维持能量较低的半共格界面。

　　不同晶面的界面能可以用一个表示晶面方向的变量和一个表示界面能大小的变量描述。为了直观表达这种晶面方向与界面能大小的关系，可以绘制一个球坐标系中的闭合曲面：以坐标原点到曲面上某个点的连线方向表示晶面的法线方向，连线长度代表对应晶面的界面能大小。这种图一般称为"γ 图"(γ-plot)。γ 图是一个三维图。但为了方便描述和理解，通常使用对应于某个特征晶面的 γ 图截面。图 3.19 是某面心立方晶体 γ 图的一个 $(1\bar{1}0)$ 截面，其类似于花瓣状的轮廓线(见图中实线)上的每一点代表了实际晶体中在 $(1\bar{1}0)$ 截面上的垂直于某个方向的晶面的界面能。例如对 A 点，OA 方向指示了晶面的法线方向，OA 长度表示所有垂直于 OA 方向的晶面(即图中 A 的 Wulff 面)的界面能大小。由图 3.19 可见，法线方向不同的晶面具有不同的界面能。在 $(1\bar{1}0)$ 截面上，(001)、(111)等晶面具有最低的界面能，对应于 γ 曲线上的脐点(见图中 B 点)。而(110)方向界面能最高，对应于 γ 曲线上的峰值点(见图中 C 点)。如果不考虑其他限制因素(例如体积应变能等)，则第二相颗粒(或流体介质中的孤立颗粒)的形状将由总的界面能最小化所决定。在这种情况下，颗粒的表面将倾向于由对应于 γ 值较小方向上的 Wulff 面组成。

对如图 3.19 所示的情况,由所有脐点的 Wulff 面构成的闭合图案将是该晶体在$(1\bar{1}0)$截面上的界面能最低形状[①]。

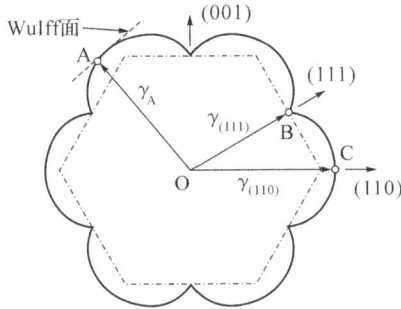

图 3.19　面心立方晶体 γ 图的$(1\bar{1}0)$截面

在一些对称性较低的晶系或者两相晶格点阵类型不同的体系中,通常只有个别方向上具有异常低的界面能。例如,在 Al-Ag 合金中,密排六方结构 γ′ 相颗粒的(0001)面与面心立方结构 α-Al 基体的(111)面存在半共格匹配关系;在 Al-Cu 合金中,四方结构 θ′ 亚稳相的(001)面和 α-Al 基体的(001)面之间也存在共格关系。对这些只有单个界面能异常低晶面的体系,其 γ 图通常如图 3.20(a)所示,其中共格面的界面能 γ_c 显著低于其他非共格面的界面能 γ_i。在这种情况下,析出颗粒通常呈圆盘状,其与母相之间的界面主要是具有共格关系的低能晶面,只有在边缘处才是其他非共格界面,如图 3.20(b)所示。

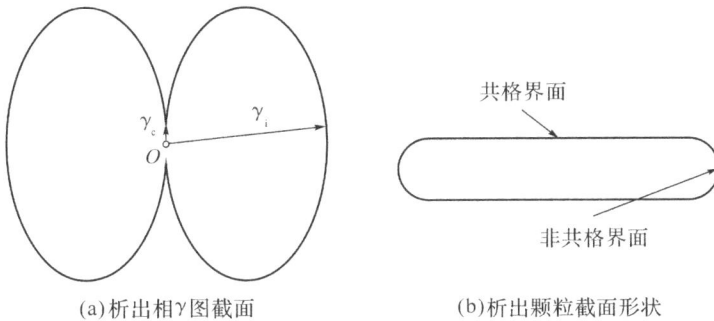

(a)析出相 γ 图截面　　　　　　　　(b)析出颗粒截面形状

图 3.20　具有共格界面关系的析出相 γ 图截面和析出颗粒截面形状

界面能是决定第二相颗粒几何形态的一个重要的热力学因素,但实际多相固体材料中的第二相颗粒形态还受到其他热力学和动力学因素的影响,如由于两相摩尔体积不同而引起的应变能,以及在第二相颗粒生长过程中不同晶面迁移率的动力学影响因素等。有关这方面的问题,将在本书第 6 章详细讨论。

---

① 　为了减小界面(或表面)的面积,颗粒表面的棱和角通常是圆弧状的。

3.5　思考题

1. 晶界作为一种晶体缺陷,可能与杂质原子复合以降低系统总的自由能。因此,杂质原子(或半导体材料中的掺杂原子)在晶界处的浓度一般将高于晶体内部的浓度。请结合实际例子,简要说明这种现象对材料性能的影响,并进而讨论如何在材料成分设计时考虑这种影响。

2. 纳米粉末熔点降低是一种常见的纳米效应。在一定的假设条件下,半径为 r 的纳米颗粒的熔点可表达为 $T_{mr} = T_m \exp[-2\gamma V_m/(\Delta H_m r)]$,其中 T_m 是大块晶体的熔点(K),γ 是表面能(J/m^2),V_m 是摩尔体积(m^3/mol),ΔH_m 是摩尔熔化焓(J/mol)。请分别估算半径为 10nm 和 100nm 的纯铜颗粒在标准大气压下的熔点,并与大块纯铜熔点进行比较。

第 4 章

固体中的扩散

前面几章主要讨论材料中的热力学问题。热力学可以告诉我们系统可能达到的平衡态和相组成情况,而达到相图所指示平衡态的具体相变机制和所需时间等也是材料科学的重要研究课题。在大多数材料相变过程中,原子扩散是最基本、最重要的控制因素。

在讨论扩散问题时,必然要涉及一位在这个领域做出过杰出贡献的德国科学家菲克(Adolf Eugen Fick,1829—1901)。事实上,虽然菲克在材料科学领域非常著名,但他一生几乎没有从事过材料科学研究,甚至连著名的菲克扩散定律也不是在材料科学研究过程中被发现或被提出的。菲克大学期间主修数学和物理,但他个人兴趣在医学,所以后来转攻医学。菲克在获得了医学博士学位后的第一份工作是解剖员,并在研究气体穿越流体膜时提出了菲克扩散定律。虽然菲克扩散定律最早是用于医学研究的,但后来在材料科学研究方面的意义丝毫不亚于其原始用途。这说明尽管现代科学被分解为众多学科分支,但最基本的科学原理是相通的。

4.1　扩散现象与扩散机制

4.1.1　扩散与自由能

在一杯静止的水中添加一滴墨水,可以看到墨水逐渐"自发地"分散到整杯水中。这就是一个扩散过程。扩散是一个自发过程,意味着通过扩散可以降低系统的自由能,即在恒温恒压扩散过程中,$\Delta G = \Delta H - T\Delta S < 0$。在气体或液体中,由于原子(分子)之间的结合能较低,通过扩散相互混合以后的 ΔH 较小,所以扩散的驱动力主要来自系统混合熵的增加,即 $T\Delta S$ 的上升。在固体中,虽然大多数情况下 $T\Delta S$ 也是起决定性作用的因素,但也有不少情况下,如在"上坡扩散"过程中,ΔH 的作用超越 $T\Delta S$。

图 4.1 是一个典型的扩散过程中自由能和成分变化的示意图。假设有两块晶体结构相同但成分不同的 A-B 二元合金固溶体①和②对焊在一起[见图 4.1(c)],其初始成分分别为 x_1 和 x_2。图 4.1(a)是这个 A-B 二元固溶体的 G 图(即"自由能-成分关系图",参见1.4 节),但在这里我们把 G 图旋转 90°,目的是为了使 G 图和图 4.1(b)的成分分布图一

样,以成分坐标作为纵轴。[①]

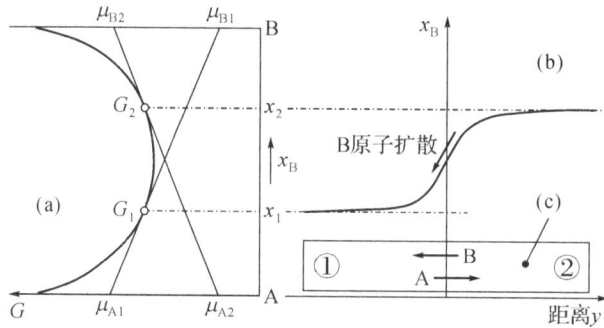

图 4.1 下坡扩散过程中的自由能变化

在图 4.1(a)中,我们已经标注了成分为 x_1 的富 A 块①和成分为 x_2 的富 B 块②的初始态自由能 G_1 和 G_2,以及 A、B 两元素在两块固溶体中的化学位。从中可以看到,A 组元在①中的化学位 μ_{A1} 高于在②中的化学位 μ_{A2},因此 A 原子将从①向②扩散;反过来,B 组元在②中的化学位 μ_{B2} 高于在①中的化学位 μ_{B1},因此 B 原子将从②向①扩散。也就是说,在如图 4.1(a)所示的自由能-成分关系特征下,A、B 原子都将各自向其浓度下降的方向扩散,如图 4.1(c)中所标注。这是常见的扩散现象,即扩散导致两种原子相互混合。如果扩散时间足够长,①和②中的成分将趋于一致,最终形成一个 A、B 原子完全无序混合的固溶体,此时系统的自由能也将下降到最低值。

但正如我们在 1.3.1 节和图 1.11 中所讨论的,在一些体系中,A、B 两种原子的混合可能导致系统热焓 ΔH 的较大上升。当温度不太高时,ΔH 的作用将超越 $T\Delta S$,系统的自由能曲线会呈现局部上凸形态。图 4.2 是这类体系扩散过程中自由能和成分变化的示意图。由图 4.2(a)可以看到,A 组元在富 A 的①中的化学位 μ_{A1} 反而低于 A 含量较低的②中的化学位 μ_{A2},因此②中的 A 原子将向浓度虽高但化学位更低的①中扩散;类似地,B 原子将从浓度低但化学位高的①中向②中扩散,如图 4.2(c)所示。图 4.2(b)给出的成分分布曲线示意图[②]突出了界面附近原子向高浓度方向扩散的特征。这种原子从低浓度区域向高浓度区域扩散的过程称为"上坡扩散"。在如图 4.2 所示的例子中,上坡扩散的结果将导致系统中 A、B 浓度的进一步分化,最终形成两个具有相同晶格点阵类型,但晶格常数不同的富 A 相(成分为 x_a)和富 B 相(成分为 x_b)。

上坡扩散现象说明,扩散过程的驱动力是活度(或化学位),而之所以通常把浓度差理解为造成扩散的原因,在于浓度与活度通常是正相关的。有关上坡扩散的具体动力学过程,我们在 6.4.2 节和 6.5.2 节还将深入讨论。

---

① 在本书中,经常把 G 图和相图逆时针旋转 90°,目的都是为了和成分分布图(成分-距离曲线)一致,将成分坐标作为纵坐标。这样,可以简单地将 G 图或相图中的关键成分点通过水平线延长到成分分布图中进行分析讨论。

② 实际的成分分布曲线与众多因素相关,表现形式也更复杂。这里只能理解为是一个示意图。

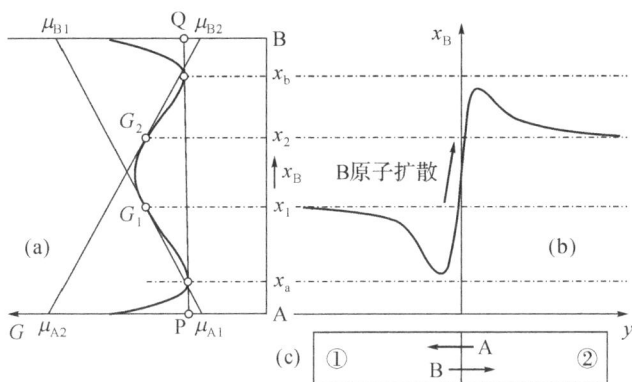

图 4.2　上坡扩散过程中的自由能变化

4.1.2　原子随机跳跃与菲克第一定律

原子在固体中的扩散本质上是原子的无规则随机运动。在这种运动过程中,原子既未受到外场作用力(如静电力、磁场力、重力等)的影响,同时原子本身也不存在某种向特定方向(如化学位降低方向)跳动的智能或意识。因此,对系统中每一个具体原子而言,其在扩散过程中的行为完全是无规则跳动,而且其向所有近邻原子位置上跳动的概率是完全相同的。而整体上表现出来的向低浓度(低化学位、低活度)方向的扩散行为,只是原子随机跳跃的宏观统计结果。

为了讨论这种原子随机跳跃所引起的整体成分分布变化,我们考虑某个单相固溶体材料中,在垂直于存在浓度梯度的 y 方向上两个面积都是 A 的最近邻原子层之间的原子跳跃问题。如图 4.3 所示,记原子面①上扩散物质 B 的体积浓度为 C_{B1}(单位:原子数/m^3),沿 y 方向的浓度梯度为 $\dfrac{\partial C_B}{\partial y}$,则在相邻的原子面②上的浓度为 $C_{B2} = C_{B1} + a\dfrac{\partial C_B}{\partial y}$,其中 a 是最近邻原子层的间距。

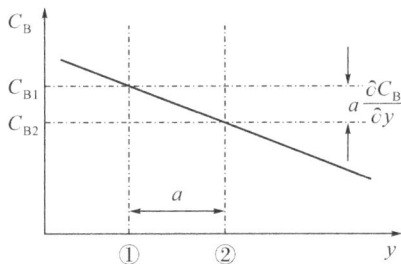

图 4.3　原子在相邻晶面之间的随机跳跃与宏观扩散现象

根据上面的定义,原子面①和原子面②所代表的空间体积都是 aA(单位:m^3),在原子面①上有 aAC_{B1} 个 B 原子,而在原子面②上有 $aA\left(C_{B1} + a\dfrac{\partial C_B}{\partial y}\right)$ 个 B 原子。

如果在一秒钟时间内 B 原子可以有效跳跃到其相邻原子位置的次数(或称之为"有效跳跃频率")为 ν_B,同时在所讨论的晶体中 B 原子有 z 个相同的最近邻位置(即 B 原子的"配位数"),那么 B 原子每次有效跳跃后到达原子面②的概率是 $1/z$。因此,从统计学角度考虑,每秒钟从原子面①跳到原子面②的 B 原子数为:

$$J_{1\to2} = aAC_{B1}\nu_B/z$$

类似地,每秒钟从原子面②跳到原子面①的 B 原子数为:

$$J_{2\to1} = aA\left(C_{B1} + a\frac{\partial C_B}{\partial y}\right)\nu_B/z$$

两者的差就是单位时间内通过截面积为 A 向 y 方向跳跃的 B 原子净流量,即扩散流量 J_B:

$$J_B = J_{1\to2} - J_{2\to1} = -\frac{1}{z}\nu_B a^2 A \frac{\partial C_B}{\partial y} \tag{4.1}$$

定义:

$$D_B = \nu_B a^2/z \tag{4.2}$$

D_B 称为 B 原子的"扩散系数",量纲是 m^2/s。将(4.2)式代入(4.1)式可得:

$$J_B = -D_B A \frac{dC_B}{dy} \tag{4.3}$$

(4.3)式就是菲克第一定律的数学表达式。菲克第一定律说明:在单位时间内,通过某单位面积截面的扩散流量与垂直于该截面方向上扩散物质的浓度梯度成正比,方向与浓度降落方向一致。菲克第一定律常常写为如下形式:

$$\frac{dm_B}{dt} = -D_B A \frac{dC_B}{dy} \tag{4.3a}$$

其中,m_B 是扩散量,它和浓度 C_B 的单位必须相互匹配:若 m_B 的单位是质量,则 C_B 是单位体积内的质量;若 m_B 用摩尔数,则 C_B 是单位体积内的摩尔数。另外,实用中还常用摩尔分数 x_B 表示浓度,此时菲克第一定律可写为:

$$\frac{dm_B}{dt} = -D_B A \frac{1}{V_m}\frac{dx_B}{dy} \tag{4.3b}$$

其中,V_m 是摩尔体积。

在有关扩散问题的讨论中,我们经常使用"浓度"来表示扩散物质的量。但更严格地讲,应该使用"活度"来代替浓度。如果在上面的分析过程中,我们使用单位体积中"可能产生有效跳跃的 B 原子数量"代替体积浓度 C_B,则(4.3b)式可写为:

$$\frac{dm_B}{dt} = -D_B A \frac{1}{V_m}\frac{da_B}{dy} \tag{4.3c}$$

其中,a_B 是 B 原子的活度。

4.1.3　扩散激活能

在高于绝对零度的环境下,原子始终处于热振动过程中,围绕其在晶体中的平衡位置振动。但一个原子的这种振动在大多数情况下并不构成有效跳跃。例如，一般金属中原子的振动频率为 $10^{12} \sim 10^{13}/s$ 数量级，而原子的有效跳跃频率约为 $10^8/s$ 数量级，说明原子在数万次振动中才可能发生一次成功跳到相邻位置的有效跳跃。如图 4.4(a) 所示，当原子 A 欲跳跃到相邻的一个原子空位中时，必须"挤过"原子 B 和 C 之间相对狭窄的空间。完成这个过程需要做功，或者说需要原子 A 有足够高的能量。如图 4.4(b) 所示，在原子 A 从位置①"扩散"到位置④的过程中，需要克服途中的一个势垒 ΔG。如果原子 A 随机振动时的能量只能使其到达位置②，则它将迅速返回原始位置；只有当原子 A 的能量足以使其到达位置③，它才有可能跳跃到相邻的原子位置④。

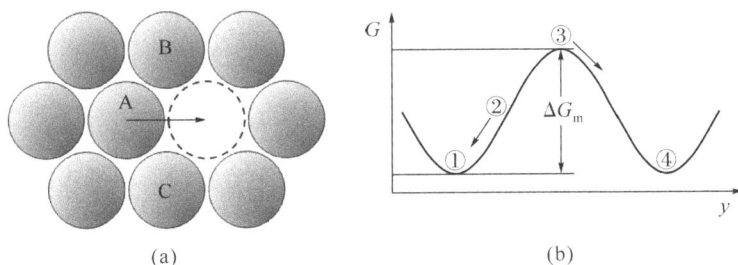

图 4.4　原子跳跃和自由能

在晶体中，原子总是处在不停振动、相互碰撞和不断改变其自由能的过程中，每个原子的"瞬间"自由能是不同的，即存在能量起伏（或"涨落"）。根据统计热力学，在一个系统中，自由能等于或高于 ΔG 的原子分数为 $\exp(-\Delta G/RT)$[①]。如果单位时间内系统中存在 n 个类似于图 4.4(a) 所示的空位，则其周围最近邻的 nz 个原子都有可能跳跃到这个空位中，但其中只有瞬间能量高于 ΔG_m 的 $nz\exp(-\Delta G_m/RT)$ 个原子可实现有效跳跃，这个数量相当于 (4.2) 式中的有效跳跃频率。因此，由 (4.2) 式可得：

$$D = (a^2/z)nz\exp(-\Delta G_m/RT) = a^2 n\exp(-\Delta G_m/RT) \tag{4.4}$$

这里我们为了说明一般特性，去除了 D 的下标 B。

进一步地，根据自由能、热焓和熵的关系，(4.4) 式可写为：

$$D = a^2 n\exp(\Delta S_m/R)\exp(-\Delta H_m/RT) \tag{4.5}$$

或

$$D = D_0\exp(-Q_D/RT) \tag{4.6}$$

其中，D_0 相当于 $a^2 n\exp(\Delta S_m/R)$，是上式中所有与温度无关的项的综合，反映了扩散原子和介质（材料）的本征特性；Q_D 相当于 ΔH_m，称为"扩散激活能"。

关于 (4.6) 式，有如下几点说明：

(1) 在表述 D_0 和 Q_D 的物理含义时，我们使用"相当于"而不是其他教科书中常见的

---

① 这里 ΔG 的单位是"J/mol"，如果 ΔG 的单位使用"J/原子"，则要相应用玻尔兹曼常数 k_B 替代气体常数 R。

"＝"，原因在于 $a^2 n \exp(\Delta S_m/R)$ 实际上也是与温度（间接）相关的。例如，对如图 4.4 所示的自扩散或置换型扩散过程而言，原子空位浓度一般随温度上升而上升，反映在(4.5)式中 n 的增加；而对间隙固溶原子的扩散而言，由于随温度上升间隙原子固溶度上升，可供原子进入的间隙位置密度上升，同样也表现出 n 的增加。这些与温度相关的因素都被归并到(4.6)式的 Q_D 中，因此 Q_D 不完全是热激活焓 ΔH_m。

（2）(4.6)式中的扩散激活能 Q_D 可以在许多教科书或工具书上查到。但由于实际扩散系统的复杂性，Q_D 不仅与具体材料的成分和微观组织结构相关，而且通常也是与温度相关的。

（3）扩散是一个典型的热激活过程，因此扩散系数与温度的关系式(4.6)具有典型的阿伦尼乌斯方程的形式。实际上，我们有时还把"阿伦尼乌斯公式"特指为公式(4.6)。

4.1.4　菲克第一定律在稳态扩散过程中的应用

所谓稳态过程，是指一个（在一定时间内）与时间无关的动力学过程。

一个简单的稳态扩散例子是穿过一个平板的扩散：假设平板的厚度为 L，扩散物质从平板一侧进入，扩散到另一侧后逸出，从而维持平板两侧的浓度始终保持不变。根据这个假设条件，扩散物质穿过平板厚度方向上每一个截面的流量始终保持不变。如果扩散系数 D 与成分无关，则由菲克第一定律(4.3)式可知，在平板厚度方向上各点处的浓度梯度 $\mathrm{d}C/\mathrm{d}y$ 是常数（$=\Delta C/L$，其中 ΔC 是平板两侧扩散物质的浓度差），单位时间内穿越单位面积的扩散物质流量为 $J=-D\Delta C/L$。

稍作变化的例子是穿越圆柱壁的稳态扩散。如图 4.5 所示，在一个内径 r_1、外径 r_2、长度 L 的圆柱系统中，扩散物质在内壁和外壁的浓度分别稳定在 C_1 和 C_2。由菲克第一定律(4.3)式可知，单位时间内扩散物质穿越半径为 $r(r_1<r<r_2)$ 的圆柱面的流量是：

$$\frac{\mathrm{d}m}{\mathrm{d}t}=-2\pi r L D \frac{\mathrm{d}C}{\mathrm{d}r} \tag{4.7}$$

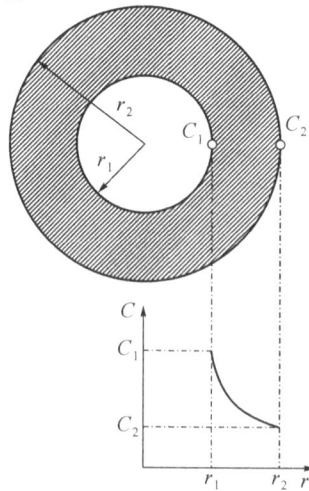

图 4.5　穿越圆柱壁的稳态扩散

在稳态条件下,圆柱壁中任何一处的扩散物质浓度必须维持不变,因此扩散流量 $\mathrm{d}m/\mathrm{d}t$ 是一个与 r 无关的常数(否则在某个 r 处的扩散物质会发生积累或减少)。这样,我们可以对(4.7)式中的两个变量 r 和 C 分别积分:

$$\frac{\mathrm{d}m}{\mathrm{d}t}\int_{r_1}^{r_2}\frac{\mathrm{d}r}{r}=-2\pi LD\int_{C_1}^{C_2}\mathrm{d}C$$

得到: $\dfrac{\mathrm{d}m}{\mathrm{d}t}\ln(r_2/r_1)=-2\pi LD(C_2-C_1)$,或写为:

$$\frac{\mathrm{d}m}{\mathrm{d}t}=-2\pi LD\,\frac{C_2-C_1}{\ln(r_2/r_1)} \tag{4.8}$$

(4.8)式是圆柱系统中稳态扩散的菲克第一定律表达式。根据上面的分析可知,在圆柱系统的稳态扩散过程中,浓度梯度($\mathrm{d}C/\mathrm{d}r$)不是常数,而是反比于半径 r。这表现在如图 4.5 所示的浓度分布是一条曲线,而不是直线。

穿越圆柱壁稳态扩散的典型例子是氢气穿越氢气罐壁的扩散。但在这种情况下,由于氢气罐的壁厚比半径小得多,$(r_2-r_1)\ll r_1$,根据近似关系 $\ln(r_2/r_1)\approx(r_2-r_1)/r_1$,(4.8)式可改写为:

$$\frac{\mathrm{d}m}{\mathrm{d}t}=-2\pi r_1 LD\,\frac{C_2-C_1}{r_2-r_1} \tag{4.8a}$$

可以近似作为稳态扩散问题讨论的另一个例子是过饱和固溶体中第二相颗粒的生长过程。假设有一个 B 元素平均体积浓度为 C_0、相图如图 4.6(a)所示的 A-B 二元合金,在 T_0 温度下经过足够长时间保温后获得成分均匀的 α 单相固溶体。如果这时将该合金迅速降温到 T_1 温度,由相图可见系统状态[见图 4.6(a)中的 Q 点]已处于两相区。此时 α 相固溶体已处于过饱和状态,将析出 θ 相颗粒。假设在 T_1 温度维持一段时间后,α 相固溶体中析出了一颗半径为 r_1 的 θ 相球形颗粒并逐渐长大。

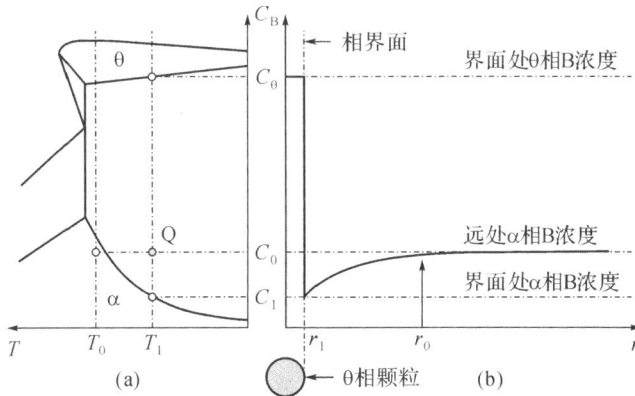

图 4.6　第二相颗粒生长过程中的扩散

根据相图,在 T_1 温度析出的 θ 相颗粒中 B 元素的浓度为 C_0',α 相中靠近 θ 颗粒界面处的 B 元素浓度为 C_1,在 α 相中远离 θ 颗粒处的 B 浓度维持在原始浓度 C_0。在以 θ 颗粒的中心为坐标原点,以半径 r 为距离变量的球坐标中,B 元素的浓度分布曲线如图 4.6(b) 所示。由图可见,B 元素的浓度在 θ 相颗粒内部都是 C_θ,而在 θ 相颗粒外面的 α 相基体中存在界面处低、远处高的浓度梯度。这个浓度梯度将导致 α 相中的扩散,B 原子将从浓度较高的远处向浓度较低的 α/θ 相界面处扩散。这种扩散的效果使 B 元素在 α 相中靠近 θ 相的界面处富集,并进而导致 θ 相颗粒的长大。有关 θ 相颗粒的生长动力学,我们将在第 6 章详细讨论,这里仅仅讨论这个过程中的扩散问题。

在图 4.6(b) 中我们看到,相对于远处 α 相的 B 浓度,在靠近两相界面处,存在着一个溶质原子"贫乏区"。这个贫乏区的形状类似于一个内径 r_1、外径 r_0 的厚壁球壳,其中 r_1 等于 θ 相颗粒的半径,而外径 r_0 大致如图 4.6(b) 所示,对应于 B 浓度相对于其在 α 相远处浓度有某种"可分辨"降低的位置。

根据菲克第一定律,通过介于 r_1 和 r_0 之间的某个半径为 r 的球面的 B 原子扩散流量为:

$$\frac{\mathrm{d}m}{\mathrm{d}t} = -4\pi r^2 D \frac{\mathrm{d}C}{\mathrm{d}r} \tag{4.9}$$

和图 4.5 中的例子类似,对于 $\mathrm{d}m/\mathrm{d}t$ 等于常数的稳态扩散,可以对(4.9)式中的两个变量 r 和 C 分别积分,得到:

$$\frac{\mathrm{d}m}{\mathrm{d}t} \left(-\frac{1}{r_0} + \frac{1}{r_1} \right) = -4\pi D (C_0 - C_1)$$

化简后得:

$$\frac{\mathrm{d}m}{\mathrm{d}t} = -4\pi r_0 r_1 D \frac{C_0 - C_1}{r_0 - r_1} \tag{4.10}$$

上面我们推导出了圆柱坐标和球坐标系统中的稳态扩散方程(4.8)式和(4.10)式,但相对于公式推导,我们更想强调指出以下几点:

(1) 稳态(steady state)并不是平衡(equilibrium)。我们说一个扩散过程是稳态的,其含义是"在一定时间范围内,这个过程的特征参量与时间无关"。稳态通常指的是动力学过程,而平衡则是热力学概念。事实上,如果系统还处在一个动力学变化过程中,无论是否稳态,都表示它还没有达到热力学意义上的平衡态。对实际材料中的一个动力学过程而言,稳态都是有时间范围限制的,超越这个时间限制将变为非稳态。而平衡则是一种理想的终极状态,自发进行的动力学过程都将朝着这个终极状态发展,虽然在实际系统中不一定都能达到这个理想状态。

(2) 全局非平衡状态下的局部平衡。如上所述,一个动力学过程在进行时,系统还处于热力学非平衡状态,因此一个存在扩散现象的系统还未达到平衡态。但在这种尚处于全局非平衡状态的系统中,仍然可能存在局部的热力学平衡。例如对图 4.6 所示的例子,T_1 温度下在 α 相和 θ 相界面处的浓度(或成分)就是一种局部的平衡。这种局部平衡完全由相图确定,即由相图中 α、θ 相的固溶线与 T_1 等温线的交点确定两相在界面处的浓度 C_1(α 相在界面处的浓度)和 C_θ(θ 相在界面处的浓度)。正是因为存在这种局部平衡,我们才可能利用反映热力学平衡特征的平衡相图分析还处于非平衡状态下的动力学扩散过程。

(3) 不适用(inapplicable)并不表示不正确(incorrect)。我们都知道菲克第一定律适用于描述稳态扩散过程,而不适用于求解非稳态扩散过程。但这并不表示菲克第一定律在非稳态扩散系统中是不正确的,而仅仅是因为在非稳态过程中,系统各点处的浓度 C 随时间 t 处于不断变化过程中,采用菲克第一定律求解这样的非稳态过程将非常困难,所以说是不适用的。事实上,在一个扩散过程中的任意一个瞬间,扩散物质的流量都和当时的浓度(严格地说是活度)梯度成正比,而无论是否为稳态过程。

4.2　扩散问题中的量纲与相似分析

我们考虑这样一个一维扩散模型。假设有 N 个 B 原子,在 $t=0$ 时都集中在 $y=0$ 处,以后每隔 Δt 时间跳动一次。在一维系统中,原子跳动的结果只有三种情况:向前跳跃或者向后跳跃一个原子间隔 d(即 $\Delta y=\pm d$),以及不改变 y 方向位置的"原地跳动"(即 $\Delta y=0$)。

作为一种合理的假设,我们认为原子向前或向后跳跃的概率是相同的,而且与原子跳跃前的位置以及上一次跳跃的方向无关。当 B 原子数量 N 足够大时,我们可以从统计学角度进行讨论。

根据原子随机跳跃假设,在任意时刻 $t>0$,所有原子在 y 方向位置的代数平均值始终在原点,即 $\overline{y(t)}=0$。

而对于 $t>0$ 时刻的原子位置均方值 $\overline{y^2(t)}$,我们可以根据原子在上一时刻 $(t-\Delta t)$ 的位置推算,即:

$$\overline{y^2(t)} = \overline{[y(t-\Delta t)+\Delta y]^2} = \overline{y^2(t-\Delta t)} + 2\,\overline{y(t-\Delta t)\cdot\Delta y} + \overline{(\Delta y)^2}$$

$$(4.11)$$

对其中的第二项,可根据原子在 t 时刻跳跃的方向,分解为向前跳跃($\Delta y=d$)、向后跳跃($\Delta y=-d$)和原地跳动($\Delta y=0$)三部分,分别求和相加可得:

$$\overline{y(t-\Delta t)\Delta y} = \frac{1}{N}\Big[\sum_{\Delta y>0}y(t-\Delta t)d - \sum_{\Delta y<0}y(t-\Delta t)d + \sum_{\Delta y=0}y(t-\Delta t)\cdot 0\Big] = 0$$

上式等于零的依据是,根据前面关于原子向前跳跃和向后跳跃的概率相同并且与原子的位置和跳跃历史无关的假设,上式中对 $\Delta y>0$ 和 $\Delta y<0$ 两部分原子的求和项数值相等,但正负号相反,而对 $\Delta y=0$ 这部分原子的求和项显然等于零。

如果假设在 N 个 B 原子中,每次实现有效跳跃(向前或向后跳跃一个原子间隔)的原子分数是 f,则(4.11)式中的最后一项等于 fd^2。所以我们有:

$$\overline{y^2(t)} = \overline{y^2(t-\Delta t)} + fd^2$$

这是一个递推函数方程式。它表示:每增加 Δt 时间,$\overline{y^2(t)}$ 的值就增加 fd^2。假设原子跳动的频率是 ν,则从初始状态到 t 时刻,每个原子跳了 νt 次。于是:

$$\overline{y^2(t)} = fd^2\nu t \qquad\qquad (4.12)$$

与前面的(4.2)式比较,可以发现在有效跳跃频率为 $f\nu$ 和配位数 $z=2$ 的一维系统中，$fd^2\nu=2D$，其中 D 是扩散系数。因此有：

$$\overline{y^2(t)} = 2Dt \tag{4.13}$$

或者

$$\sqrt{\overline{y^2}} = \sqrt{2Dt} \tag{4.13a}$$

上式表明，在一维扩散问题中，原子在 t 时间内跳跃距离的均方根等于 $\sqrt{2Dt}$。我们注意到，扩散系数 D 的单位是 m^2/s，因此我们常常把（4.13a）式右边具有长度量纲的 $\sqrt{2Dt}$ 称为"有效扩散距离"[①]。它可理解为：经过 t 时间扩散后，在距离扩散源 $\sqrt{2Dt}$ 的地方，扩散物质的浓度已发生了可分辨的变化。

由于 $\sqrt{2Dt}$ 具有长度量纲，如果我们把它和某个具体扩散问题中的一个特征长度 L 相除，则它们的商 $L/\sqrt{2Dt}$ 或者 $L^2/(2Dt)$，是一个无量纲数。如果有两个扩散系统，当它们的 $L/\sqrt{2Dt}$ 值相同时，我们称它们为"相似"的扩散系统。例如，当相同浓度的扩散源分别在不同温度下，通过扩散穿越不同厚度（或不同材料）的平板时，如果它们的 $L/\sqrt{2Dt}$ 值相同，则我们可以在平板另一侧测量到扩散物质的浓度是相同的。

这种"相似"现象在自然界广泛存在。用于描述相似物体或相似过程的无量纲特征参数称为"相似参数"。例如，两个相似三角形对应边长的比值是相同的，这个比值就是这对相似三角形的"相似参数"。再如，所有在平面上的圆都是相似的，它们具有一个相同的相似参数，即圆周率 π。又如，在流体传输中反映流体惯性力和黏性力之比的雷诺数（Re），在传热学中反映对流传热和传导传热之比的努塞尔数（Nu）以及反映动量扩散和热量扩散之比的普朗特数（Pr），都是分析各类相似过程的相似参数。

利用相似参数，可以有效简化一些复杂问题的讨论分析，在流体、传热和化工过程中具有重要应用。相似参数都是无量纲数，以实现不同物理量之间的比较。有关相似分析和量纲分析的详细讨论是一门独立的课程，下面我们只是结合一个简单的扩散问题进行一些讨论。

在黄铜（Cu-Zn 合金）中，因 Zn 的沸点相对比较低（907℃），所以高温加热时黄铜中的锌可能通过扩散到达表面并挥发损失。实验发现，某黄铜材料在 900℃ 加热 10 分钟后，材料表面以下 1.0mm 深度范围内的 Zn 含量已发生了"一定程度"的降低。现在需要估算相同材料在 800℃ 加温多少时间，材料表面以下 0.5mm 深度范围内的 Zn 含量会发生"相同程度"的变化。

在这个问题中，我们虽然并不知道"一定程度"的确切含义，但根据两个扩散系统的相似性（材料相同、Zn 含量降低水平相同），可以采用相似分析方法进行讨论。首先，Zn 含量发生"一定程度"降低的深度可以作为这个扩散问题中的一个特征长度 L。其次，根据相似原理，对这两个相似的扩散系统而言，无量纲数 $L^2/(Dt)$ 应该相等，即：

---

① 注意：根据上述分析，$\sqrt{2Dt}$ 既不是原子扩散最远距离，也不是原子扩散平均距离。

$$\frac{1.0^2}{10D_{1173}} = \frac{0.5^2}{tD_{1073}}$$

其中,时间 t 的单位是"分"[①],不同温度下的扩散系数 D 可以利用阿伦尼乌斯公式(4.6)计算,得到:

$$t = 0.25 \times 10\exp\left(\frac{Q}{1073R} - \frac{Q}{1173R}\right) \qquad \text{(单位:分钟)}$$

其中,扩散激活能可从相关手册上查到。这里作为近似估算,取 $Q = 20000R$,因此求得 $t \approx 12$ 分钟。

关于这个例子,这里需要强调指出的是:

(1) 看懂这个例子中的分析计算过程是非常容易的,记住这个分析过程或者分析方法也不困难,但关键是通过这样一个例题分析,建立有关相似分析的基础概念。

(2) 无量纲数是我们经常碰到、用到的,尽管有时没有意识到。例如,阿伦尼乌斯公式(4.6)的指数项中的激活能 Q 和 RT 的商就是一个无量纲数。事实上,指数函数 $\exp(x)$、对数函数 $\ln(x)$、三角函数如 $\sin(x)$ 等常见函数中的变量 x 都是无量纲数(三角函数中的弧度本质上也是无量纲参数)。为此,在实际使用包含这些函数的公式进行计算时,必须仔细检查变量的单位和量纲。例如,当(4.6)式中的激活能使用"J/mol"单位时,分母为 RT;而当 Q 的单位用"J/原子"时,分母要相应用 $k_\mathrm{B}T$。

(3) 即使是最简单的量纲分析,也是很有帮助的。例如,爱因斯坦 1905 年提出的质能方程 $E = mc^2$ 可以说是近代物理学上最著名的一个公式。霍金在《时间简史》序言中写道:"我朋友建议我书中不要写公式,那样会吓跑至少一半读者,所以我考虑过不写,不过后来我还是决定写且仅写爱因斯坦的一个公式 $E = mc^2$。"而爱因斯坦在提出这个公式时,只是根据能量(J)、质量(kg)、速度(m/s)之间的量纲关系以及一些间接的物理现象而提出的,一直到数十年后正电子湮灭实验证实质量和能量的关系,这个著名的公式才被广泛接受。

4.3　菲克第二定律

4.3.1　菲克第二定律的数学特征分析

如果不考虑扩散系数随浓度的变化,菲克第二定律可表达为:

$$\frac{\partial C}{\partial t} = D\frac{\partial^2 C}{\partial y^2} \tag{4.14}$$

英国理论物理学家、诺贝尔物理学奖获得者狄拉克(Paul Adrien Maurice Dirac,

[①]　注意:这里只要求等式两边相应物理量的单位一致,不需要使用标准单位,所以我们分别使用"mm"和"分"作为距离和时间的单位。

1902—1984)曾经说过这样一段话[①]:理解一个方程意味着在求解之前就能指出这个方程解的特征。

对于菲克第二定律(4.14)式,我们可以获得以下特征:

(1) 根据数学原理,作为一个二阶偏微分方程,(4.14)式如果有解的话,将会有无穷多解,同时关于(4.14)式的任意解的线性组合也是(4.14)式的一个解。

(2) 对具体的实际问题,需要利用已知的边界条件和/或初始条件确定二阶偏微分方程求解产生的积分常数。

(3) 作为一个描述扩散过程的方程,其解必须满足物质守恒定律。

根据上述特征(1),从数学角度讲,所有满足(4.14)式的函数 $C=f(y,t)$ 都可能是菲克第二定律的解。但对于一个具体的扩散问题,我们需要寻找尽可能简单的菲克第二定律解的形式,并根据上述特征(2)和(3)确定微分方程的积分常数或函数中的待定系数。事实上,在数十年关于菲克第二定律的研究过程中,人们已提出了各种不同的解的形式。我们的任务主要是根据具体的扩散问题,选择合适的解的形式,并确定其中的待定系数。本节将通过一些例子,讨论一些典型扩散问题的求解。

4.3.2　高斯解

根据实际的扩散条件,非稳态扩散可分为多种不同的类型。图 4.7 描述了这样一种简单的非稳态扩散类型:总量为 s 摩尔的扩散物质 B 在 $t=0$ 时聚集于一根"无限长"均质材料棒中某个垂直于轴向的平面上,随时间向两端扩散。这种确定总量薄层扩散源在一维系统中的扩散,与我们在 4.2 节中提到的原子随机跳跃问题具有相同的特征。但在 4.2 节中,我们只获得了经过 $t>0$ 时间扩散后原子位置的均方根等于 $\sqrt{2Dt}$ 的结论,参见 (4.13a)式。

对于 $t>0$ 时扩散物质 B 原子在无限长棒中的分布,首先,由于扩散的微观机制是原子的随机跳跃,$t>0$ 时扩散物质 B 在长棒中某一点 y 处的数量或浓度 $C(y,t)$ 是一个随机变量;其次,由于参与扩散的 B 原子数量众多,每次跳跃过程相互独立且每次跳跃距离仅一个原子间距,所以 $C(y,t)$ 是受到大量、微小和独立的随机因素影响的随机变量。根据概率论中的极限定理,当参与扩散的 B 原子数量足够多时[②],$C(y,t)$ 服从正态分布(或称为"高斯分布")。

通过简单的数学推导可证明,高斯分布函数是菲克第二定律(4.14)式的一个解:

$$C(y,t) = \frac{s}{\sqrt{4\pi Dt}} \exp\left(-\frac{y^2}{4Dt}\right) \tag{4.15}$$

---

①　原文:I understand what an equation means if I have a way of figuring out the characteristics of its solution without actually solving it.

②　相对于其他随机事件的统计数量,扩散过程的原子数量是非常大的,例如 1mg 金属的原子数量就达到 10^{16} 数量级。

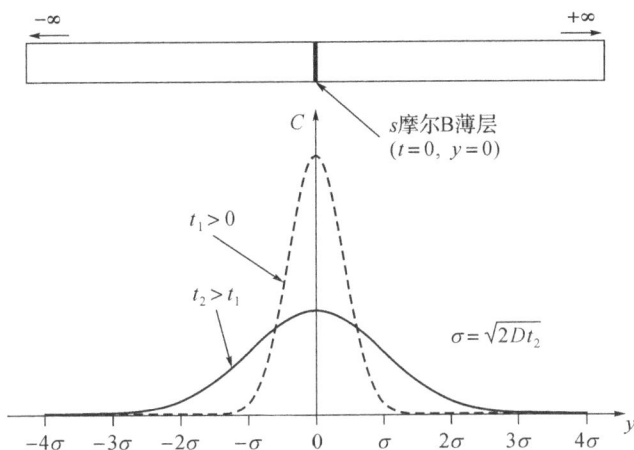

图 4.7　确定扩散物质总量的薄层源扩散

如果扩散源偏移 y 坐标轴原点,例如在 $y = y_0$ 处,则(4.15)式应写为:

$$C(y,t) = \frac{s}{\sqrt{4\pi Dt}} \exp\left[-\frac{(y - y_0)^2}{4Dt}\right] \tag{4.15a}$$

可以简单验证,对于如图 4.7 描述的扩散系统,高斯解(4.15)式满足物质守恒定律和初始条件,即:

$$\int_{-\infty}^{\infty} C(y,t)\mathrm{d}y = s$$

$$C(y,t) = \begin{cases} \infty, & y = 0, t = 0 \\ 0, & y \neq 0, t = 0 \end{cases}$$

(4.15)式称为菲克第二定律的高斯函数解,适用于确定扩散物质总量的薄层源扩散过程。在图 4.7 中,我们画出了经过 t_1 和 $t_2 (t_2 > t_1 > 0)$ 时间扩散后的 B 元素分布曲线,随扩散时间的延长,浓度分布曲线逐渐变得更平坦。

与概率论中的正态分布密度函数比较,可以发现高斯解(4.15)式中的 $\sqrt{2Dt}$ 对应于正态分布函数中的方差根 σ,也正是前面 4.2 节中通过原子随机跳跃推导出来的跳跃距离均方根。图 4.7 中我们画出了以 t_2 时刻方差根 $\sigma = \sqrt{2Dt_2}$ 为等效距离单位的横坐标刻度。查阅概率论中的正态分布函数表可以知道,经过确定时间扩散后:

(1) 接近 1/3 的扩散物质已扩散到 $y = \pm\sigma$ 以外的地方,因此通常把 $y = \sqrt{2Dt}$ 理解为扩散物质的浓度已发生了较明显的变化的"有效扩散距离"(参见 4.2 节);

(2) 超过 95% 的扩散物质还在 $-2\sigma \leqslant y \leqslant 2\sigma$ 范围,所以可以粗略地把 $y \leqslant 2\sqrt{2Dt}$ 作为"可察觉扩散范围"。

上面的讨论都是基于图 4.7 中"无限长"棒模型的。数学意义上的无限长棒,在实际空间中是不存在的。但对于有限时间内的扩散问题,我们并不需要苛求空间上的无限。根据上面的讨论,在一些实际问题中,我们可以把和扩散源之间距离超过 $2\sqrt{2Dt}$ 理解为

"无限长"。

高斯解的一种变形是"半无限长"棒的一个端面上薄层源的扩散问题。如图 4.8 所示,在一根半无限长棒(或可理解为对预期扩散时间 t 而言,棒长度显著大于 $2\sqrt{2Dt}$)的一端镀了一层总量为 s 摩尔的 B 元素薄层,要求计算经 $t>0$ 时间扩散后 B 元素在棒中沿轴向的分布。

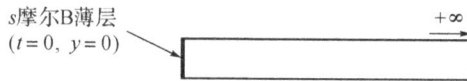

s摩尔B薄层
(t=0, y=0)   +∞

图 4.8 半无限长棒的一端薄层源扩散

因为这也是一个确定扩散物质总量的薄层源扩散过程,所以可以采用菲克第二定律的高斯解。但与图 4.7 中的高斯解原型例不同的是,在这里扩散原子只能在 $y \geqslant 0$ 的范围内运动,所以不能简单应用(4.15)式。为此,我们可以通过以下三种不同但等价的分析方法求解这个问题。

第一种是"待定系数法"。我们同样采用高斯解,但考虑到在这里 s 摩尔的扩散物质只能向 $y \geqslant 0$ 方向扩散,可以想象到经 t 时间后扩散物质在 $y \geqslant 0$ 范围的分布将高于(4.15)式给出的分布。因此,我们简单地将(4.15)式中的 s 用一个待定系数 w 代替,即:

$$C(y,t) = \frac{w}{\sqrt{4\pi Dt}}\exp\left(-\frac{y^2}{4Dt}\right) \tag{4.16}$$

根据物质守恒定律,当 $t>0$ 时,在 $y \geqslant 0$ 范围对(4.16)式的积分应该等于扩散物质总量 s,即 $\int_0^\infty C(y,t)\mathrm{d}y = s$。由此可得 $w=2s$,所以图 4.8 所示的确定扩散物质总量在半无限长棒中扩散问题的解为:

$$C(y,t) = \frac{2s}{\sqrt{4\pi Dt}}\exp\left(-\frac{y^2}{4Dt}\right) \tag{4.17}$$

第二种是"虚拟系统法"。我们假设有另外一个和图 4.8 完全相同的扩散系统,将这两根都在一端镀上 s 摩尔 B 元素的半无限长棒对接,构成了一个中间有 $2s$ 摩尔扩散物质薄层的"无限长"扩散系统。对这个系统直接应用菲克第二定律解,并考虑到这里(名义上的)扩散物质总量是 $2s$,可直接获得与(4.17)式完全相同的解。

第三种是"镜像系统法"。如果在图 4.8 中,在 $y=0$ 处安置一面镜子,则镜子里面将会有一个与图 4.8 中的一端镀有 s 摩尔扩散物质的半无限长棒完全相同的镜像。把镜像与实际系统合并,构成一个中间有 $2s$ 摩尔扩散物质的无限长扩散系统,从而也可获得与(4.17)式相同的解。

在前面的讨论中,我们都假设扩散系统是无限长(半无限长),或者至少"显著大于$2\sqrt{2Dt}$"。但在一些实际问题中,系统的长度可能小于 $2\sqrt{2Dt}$。对这类问题,也可以采用类似于上面介绍的镜像系统法来分析。例如,对如图 4.9(a)所示的长 $2d$、两端各镀 s 摩尔扩散物质的有限长扩散系统,可在两端各安置一面镜子,利用两块平行镜子产生的无限延伸镜像,与中间的真实系统组成一个无限长扩散系统,如图 4.9(b)所示。

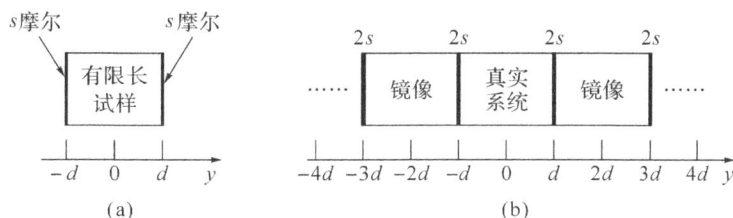

图 4.9　有限长系统中两端薄层源的扩散

在如图 4.9(b)所示的虚拟无限长系统中,扩散物质总量都是 $2s$ 的薄层扩散源位于 $\pm(2n-1)d$ 处 $(n=1,2,\cdots)$。对每一个扩散源都可应用高斯解,获得相对应的类似于 (4.17)式的解。根据 4.3.1 节中指出的菲克第二定律解的线性组合原理,这些解的叠加构成了这个问题的高斯解:

$$C(y,t) = \frac{2s}{\sqrt{4\pi Dt}} \sum_{n=1}^{\infty} \left\{ \exp\left(-\frac{[y-(2n-1)d]^2}{4Dt}\right) + \exp\left(-\frac{[y+(2n-1)d]^2}{4Dt}\right) \right\}$$

(4.18)

(4.18)式中的第一个指数项是位于 $(2n-1)d$ 处扩散源的贡献,第二个指数项是位于 $-(2n-1)d$ 处扩散源的贡献。

(4.18)式中从 $n=1$ 到 $n=\infty$ 的求和是数学上的需求,但对于确定的有限时间内的扩散问题,如前面所讨论的,我们可以忽略"远处"扩散源的影响,例如可以把(4.18)式中的求和限制在距离真实系统 $2\sqrt{2Dt}$ 以内的扩散源,从而简化计算。

作为本节的一个总结,菲克第二定律的高斯解适用于求解具有确定总量且初态时处于一个截面上的扩散物质在垂直于这个截面的方向上的扩散问题。对有限长度的实际扩散系统,常常需要采用镜像处理。

4.3.3　误差函数解

如前所述,高斯解只适用于初态时处于一个截面上确定总量物质的扩散问题,如表面镀层元素的扩散。但在许多实际问题中,扩散物质分布在一个有一定宽度的范围内,如两块焊接在一起的成分不同金属之间的扩散问题等。

作为一个基本模型,考虑两根半无限长棒中沿轴向的扩散问题。假设这两根半无限长棒的截面积为单位面积,$t=0$ 时扩散物质在其中一根棒中的浓度为 0,在另一根棒中的浓度为 $C_0(\mathrm{mol/m^3})$,即:

$$C = \begin{cases} C_0, & y \geqslant 0 \\ 0, & y < 0 \end{cases}$$

(4.19)

随着扩散过程的进行,$y>0$ 处的浓度将下降,而 $y<0$ 处的浓度将上升。为了定量分析这种浓度变化的规律,我们考虑位于 $y=h(h>0)$ 处的一个无限薄层 $\mathrm{d}h$ 内的扩散物质的扩散行为(见图 4.10)。由于截面积为单位面积,因此 dh 厚薄层的体积就是 dh,其中的扩散物质摩尔量为 $C_0 dh$。我们先考虑位于 $y=h$ 处的这些扩散物质在整个无限长系统中沿轴向的扩散。对这样一个初态时总量确定($C_0 dh$)且位于一个截面($y=h$ 处)上的扩散物质在无限长一维系统中的扩散问题,可以直接应用高斯解:

$$dC(h) = \frac{C_0 dh}{\sqrt{4\pi Dt}} \exp\left[-\frac{(y-h)^2}{4Dt}\right] \tag{4.20}$$

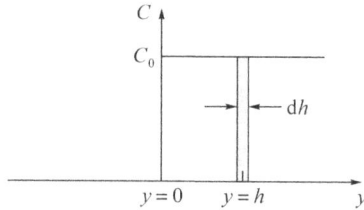

图 4.10 误差函数解的推导

(4.20)式的物理意义是 $y=h$ 处 $C_0 dh$ 物质经 t 时间扩散后在系统中的"微分分布"。利用菲克第二定律解的可叠加性,如果把 $y \geq 0$ 处的"无限多"薄层叠加起来,则可获得初态时在 $y \geq 0$ 处的所有扩散物质经 t 时间扩散后在系统中的"积分分布",即:

$$C(y,t) = \frac{C_0}{\sqrt{4\pi Dt}} \int_0^\infty \exp\left[-\frac{(y-h)^2}{4Dt}\right] dh \tag{4.21}$$

对(4.21)式做变量替换,令 $\eta = (y-h)/\sqrt{4Dt}$,则 $dh = -\sqrt{4Dt}\, d\eta$,相应地,积分的范围从 $h=0$ 处的 $\eta = y/\sqrt{4Dt}$ 到 $h = \infty$ 处的 $\eta = -\infty$。从而(4.21)式可改写为:

$$C(y,t) = \frac{C_0}{\sqrt{\pi}} \int_{-\infty}^{y/\sqrt{4Dt}} e^{-\eta^2} d\eta \tag{4.22}$$

(4.22)式右边的积分没有解析解。为此,人们定义了一个新的函数,即"误差函数":

$$\text{erf}(\xi) = \frac{2}{\sqrt{\pi}} \int_0^\xi e^{-\eta^2} d\eta \tag{4.23}$$

误差函数的值可用数值方法计算,也可查表得到,其曲线形状如图 4.11 所示。

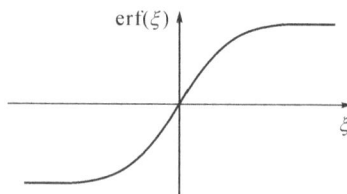

图 4.11 误差函数曲线

误差函数具有如下重要性质:

(1) 导数:$\dfrac{d}{d\xi}\text{erf}(\xi) = \dfrac{2}{\sqrt{\pi}}\exp(-\xi^2)$;

(2) 积分：$\int_{\xi}^{\infty}[1-\mathrm{erf}(\eta)]\mathrm{d}\eta = \dfrac{1}{\sqrt{\pi}}\exp(-\xi^2)-\xi[1-\mathrm{erf}(\xi)]$；

(3) 奇对称性：$\mathrm{erf}(-\xi)=-\mathrm{erf}(\xi)$；

(4) 特殊值：$\mathrm{erf}(0)=0,\mathrm{erf}(\infty)=1,\mathrm{erf}(-\infty)=-1,\mathrm{erf}(0.5)\approx 0.521$。

对图 4.10 和 (4.19) 式定义的扩散系统，采用误差函数 (4.23) 式取代其菲克第二定律解 (4.21) 式中的积分函数，可改写为：

$$C(y,t)=\frac{C_0}{2}\left[1+\mathrm{erf}\left(\frac{y}{\sqrt{4Dt}}\right)\right] \tag{4.24}$$

对应于 (4.24) 式，不同时间下的浓度分布示意曲线如图 4.12 所示。可以看到，随着时间的延长，浓度分布曲线趋于平缓，但在 $y=0$ 处始终维持 $C=C_0/2$。由此我们可以得到有关菲克第二定律误差函数解的两个重要特征：

(1) $t=0$ 时的"台阶式初始浓度分布"；

(2) $y=y_0$ 处的"恒定界面浓度"。

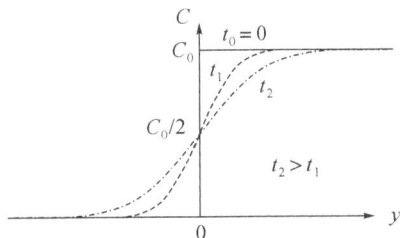

图 4.12　两根半无限长棒对接扩散后的成分分布曲线

(4.24) 式是菲克第二定律误差函数解的基本形式。在符合上述"台阶式初始浓度分布"和"恒定界面浓度"的基础上，对于实际扩散问题，还需要考虑具体的初始条件和边界条件。下面介绍几种常见情况。

● 两端初始浓度都不为零

考虑两根原始浓度都不为零的半无限长棒对接后的扩散，即当 $t=0$ 时：

$$C=\begin{cases} C_1, & y<0 \\ C_2, & y\geqslant 0 \end{cases} \tag{4.25}$$

这个问题与 (4.19) 式定义的扩散系统非常相似，可以应用误差函数解。但由于初态时在 $y<0$ 处的扩散物质浓度不等于零，误差函数解中的一些系数可能与 (4.24) 式不同。为此，我们设 t 时刻时的浓度分布为：

$$C(y,t)=A+B\cdot\mathrm{erf}\left(\frac{y}{\sqrt{4Dt}}\right)$$

其中，两个常数 A 和 B 可以根据初始条件确定。

当 $t=0$ 且 $y>0$ 时：$\mathrm{erf}\left(\dfrac{y}{\sqrt{4Dt}}\right)=\mathrm{erf}(+\infty)=1$；

当 $t=0$ 且 $y<0$ 时：$\mathrm{erf}\left(\dfrac{y}{\sqrt{4Dt}}\right)=\mathrm{erf}(-\infty)=-1$。

由此可以得到：$A=\dfrac{1}{2}(C_1+C_2)$，$B=\dfrac{1}{2}(C_2-C_1)$。因此，这个问题的解是：

$$C(y,t)=C_1+\frac{C_2-C_1}{2}\left[1+\mathrm{erf}\left(\frac{y}{\sqrt{4Dt}}\right)\right] \tag{4.26}$$

● 多个浓度台阶的扩散系统

假设在一个无限长一维系统中，中间一段的扩散物质浓度为 C_0，而两侧都是 0，即系统在 $t=0$ 时的浓度分布为：

$$C=\begin{cases} 0, & y<-h \\ C_0, & -h\leqslant y\leqslant h \\ 0, & y>h \end{cases} \tag{4.27}$$

在这个问题中，初始浓度分布存在两个台阶，分别位于 $y=-h$ 和 $y=h$ 处。对这类具有多个初始浓度分布台阶的问题，利用菲克第二定律解可线性组合的特点，可以对每个台阶应用一个误差函数，以其线性组合作为解的表达形式，并由初始条件确定系数。在本例中，由于两个浓度台阶分别位于 $y=-h$ 和 $y=h$ 处，故可令：

$$C(y,t)=a_1+a_2\,\mathrm{erf}\left(\frac{y+h}{\sqrt{4Dt}}\right)+a_3\,\mathrm{erf}\left(\frac{y-h}{\sqrt{4Dt}}\right)$$

其中，右边第一个误差函数项对应于 $y=-h$ 处的台阶，第二个误差函数项对应于 $y=h$ 处的台阶。由初始条件可得：

$$\begin{cases} y<-h,t=0: & C=a_1+a_2\,\mathrm{erf}(-\infty)+a_3\,\mathrm{erf}(-\infty)=a_1-a_2-a_3=0 \\ -h<y<h,t=0: & C=a_1+a_2\,\mathrm{erf}(+\infty)+a_3\,\mathrm{erf}(-\infty)=a_1+a_2-a_3=C_0 \\ y>h,t=0: & C=a_1+a_2\,\mathrm{erf}(+\infty)+a_3\,\mathrm{erf}(+\infty)=a_1+a_2+a_3=0 \end{cases}$$

从中解得：$a_1=0$，$a_2=\dfrac{1}{2}C_0$，$a_3=-\dfrac{1}{2}C_0$。因此，当扩散时间不太长（或 h 足够大）时，这个问题的解是：

$$C(y,t)=\frac{C_0}{2}\left[\mathrm{erf}\left(\frac{y+h}{\sqrt{4Dt}}\right)-\mathrm{erf}\left(\frac{y-h}{\sqrt{4Dt}}\right)\right] \tag{4.28}$$

● 单侧表面渗碳问题

在金属表面渗碳（或渗氮）过程中，材料表面的碳浓度取决于渗碳处理时碳在气相中的活度，而这个活度在渗碳过程中通常会保持恒定。因此，渗碳过程是一个扩散物质在材料表面保持不变的扩散过程，符合误差函数解的特征。

假设材料中的原始碳含量为 0，渗碳气氛中碳的活度为 γC_s，其中 γ 是碳在材料中的活度系数[①]，则初始条件和边界条件分别为：

---

① 这个假设条件的含义是：在渗碳过程中，碳在气氛中的活度与碳在材料表面的活度相等。

$$C(y,t) = \begin{cases} 0, & t = 0, y > 0 \\ C_{\mathrm{s}}, & t > 0, y = 0 \end{cases} \tag{4.29}$$

同时作为一种简化,只考虑从材料一侧的表面($y=0$ 处)向 $y>0$ 方向材料内部的渗碳。在这个问题中,只有 $y=0$ 处的一个浓度台阶,因此误差函数解的形式为:

$$C = a_1 + a_2 \operatorname{erf}\left(\frac{y}{\sqrt{4Dt}}\right)$$

利用初始条件和边界条件,可得:$a_1 = C_{\mathrm{s}}, a_2 = -C_{\mathrm{s}}$。于是,这个问题的解为:

$$C(y,t) = C_{\mathrm{s}}\left[1 - \operatorname{erf}\left(\frac{y}{\sqrt{4Dt}}\right)\right] \tag{4.30}$$

图 4.13 是经不太长时间(或者材料在 y 方向的尺寸足够大)表面渗碳处理后的浓度分布示意图。这里需要注意的是,图 4.13 中 $y<0$ 范围内的虚线只反映了误差函数解奇对称的数学特征[①],与实际空间中 $y<0$ 处的碳浓度无关。事实上,渗碳过程中碳在 $y<0$ 的渗碳气氛中的活度恒定在 γC_0。

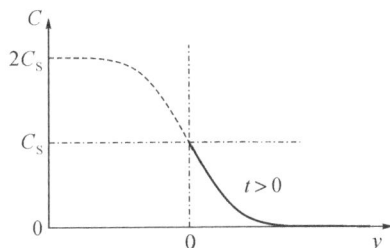

图 4.13　渗碳过程浓度分布

● 平板双侧的表面渗碳问题

在大多数实际问题中,渗碳工件是完全处于渗碳气氛的包围之中的,所以实际渗碳过程很少像上面的例子那样仅限于一侧表面的渗碳。现在我们考虑一个厚度为 $2h$ 的钢板的表面渗碳问题。假设钢板的边长远远超过厚度,因此我们可以忽略通过钢板侧面渗碳的影响,而仅仅考虑碳原子通过两个表面在沿厚度方向的扩散。假设钢板中初始碳浓度为 C_0,渗碳过程中表面碳浓度为 C_{s},即:

$$C = \begin{cases} C_{\mathrm{s}}, & y = -h \\ C_0, & -h < y < h \\ C_{\mathrm{s}}, & y = h \end{cases} \tag{4.31}$$

这个问题与上面由(4.27)式定义的双台阶扩散问题相似,差异在于(4.27)式定义的例子中是中间一段浓度高、两侧浓度低;而在这里是中间浓度低、两侧(表面)浓度高。相似地,这里我们也可使用两个误差函数的线性组合:

---

① 当然,也可以把 $y<0$ 范围内的虚线理解为实际系统关于 $y=0$、$C=C_{\mathrm{s}}$ 的对角镜像系统。

$$C = a_1 + a_2 \operatorname{erf}\left(\frac{y+h}{\sqrt{4Dt}}\right) + a_3 \operatorname{erf}\left(\frac{y-h}{\sqrt{4Dt}}\right)$$

根据初始条件和边界条件,可以得到:

$$\begin{cases} t=0, -h<y<h: & a_1+a_2-a_3 = C_0 \\ t>0, y=-h: & a_1-a_3\operatorname{erf}(2h/\sqrt{4Dt}) = C_s \\ t>0, y=h: & a_1+a_2\operatorname{erf}(2h/\sqrt{4Dt}) = C_s \end{cases}$$

这里我们看到,由于上面第二、三两个条件中含有变量 t,所以待定系数 a_1、a_2、a_3 都是与时间有关的。严格地讲,它们不是常数。但实际表面渗碳处理只是为了在材料表面形成一层很薄的强化层,或者说实际渗碳过程的"有效扩散距离" $\sqrt{2Dt}$ 是很小的。因此,我们可以近似认为 $2h/\sqrt{4Dt} \approx \infty$,从而 $\operatorname{erf}(2h/\sqrt{4Dt}) \approx 1$。在这样的近似处理下,可求得待定系数 a_1、a_2、a_3,并进而得到这个问题的误差函数解:

$$C(y,t) = C_s + (C_s - C_0)\left[1 - \operatorname{erf}\left(\frac{y+h}{\sqrt{4Dt}}\right) + \operatorname{erf}\left(\frac{y-h}{\sqrt{4Dt}}\right)\right] \tag{4.32}$$

在上述几个例子的讨论中,我们多次强调"扩散时间不太长"或者"系统尺寸足够大"。在讨论实际问题时附加这些限制条件,原因在于我们在推导误差函数解时得到的(4.21)式涉及趋向于无穷大的积分,所以误差函数解在数学上具有系统尺寸无限大的本质要求。对于有限尺寸的实际系统,自然需要对扩散时间有所限制。

尽管对大多数实际扩散问题,前面获得的误差函数解,如(4.28)式、(4.30)式和(4.32)式,是适用的,但我们至少在理论上需要寻求一种适用于有限尺寸系统、长时间扩散问题的解决方案。作为一个例子,这里我们重点讨论长时间扩散情况下由(4.31)式给出初始条件和边界条件的平板双侧表面渗碳问题,而将分别由(4.27)式和(4.29)式定义的扩散系统的长时间扩散问题作为本章的课后思考题。

我们首先分析一下,如果把(4.32)式应用于长时间扩散问题,将会产生什么样的后果。为此,我们假设:钢板厚度 $2h = 1.8 \times 10^{-3}\,\mathrm{m}$,扩散系数 $D = 2 \times 10^{-11}\,\mathrm{m^2/s}$,钢板中原始碳浓度 $C_0 = 0.1\%$,渗碳气氛确定的表面浓度 $C_s = 1.1\%$。将这些参数代入(4.32)式,可以计算给定时间 t 在 y 处的浓度。图 4.14 给出了钢板中间($y=0$ 处)碳浓度随时间变化的误差函数解计算值。由图可见,当扩散时间达到约 11 小时后,即使在浓度最低的中间部位,碳浓度也已达到实际可能的最高浓度 C_s;而当扩散时间进一步延长时,钢板中的碳浓度会持续升高并显著超越 C_s。而实际上,受到渗碳气氛中碳活度的限制,钢板中的碳浓度不可能超越 C_s。利用误差函数解计算产生这种偏差的原因在于,长时间扩散条件下,"有效扩散距离" $\sqrt{2Dt}$ 已经接近甚至超过实际扩散系统的尺寸,从而不满足误差函数解要求的"无限长系统"假设条件。

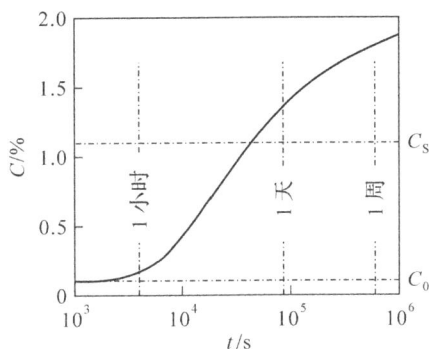

图 4.14　长时间渗碳时薄钢板中间碳浓度的误差函数解计算值

在这种情况下,如同我们在 4.3.2 节中所用到的方法,可以通过叠加镜像将有限长的真实扩散系统扩充为无限长系统。对平板双侧表面渗碳的长时间扩散问题,我们可以根据误差函数的奇对称特征,在 $C = C_s$、$y = \pm h$ 处设置对角镜像,扩展为如图 4.15 所示的"无限长"系统。在图 4.15 中,粗实线表示实际试样中的初始浓度(两侧表面为 C_s、试样内部浓度为零),虚线表示镜像系统中的浓度分布。对位于 $y = \pm(2i-1)h$ 处的每个浓度台阶 $(i=1,2,\cdots)$,都可用一个误差函数表达其对真实系统中浓度分布的影响。因此,这个问题的解可表达为:

$$C = a_0 + \sum_{i=1}^{\infty} \left\{ a_i \operatorname{erf}\left[\frac{y+(2i-1)h}{\sqrt{4Dt}}\right] + b_i \operatorname{erf}\left[\frac{y-(2i-1)h}{\sqrt{4Dt}}\right] \right\} \tag{4.33}$$

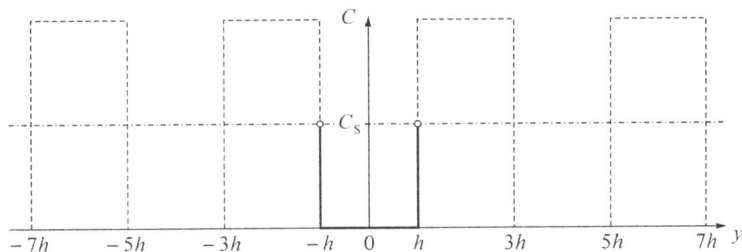

图 4.15　平板双侧表面渗碳长时间扩散问题的初始浓度分布镜像扩展
(粗实线表示实际试样中的初始浓度,虚线表示镜像系统中的浓度分布)

事实上,即使扩散时间很长,也没有必要将(4.33)式中的求和一直计算到无穷多项。对于任意长的给定时间 t,我们总可以有一个确定的正整数 N,使得 $(2N-1)h$ 大于有效扩散距离 $\sqrt{2Dt}$,从而可以忽略比 $(2N-1)h$ 更远的那些台阶对真实系统中浓度分布的影响,从而将(4.33)式中的求和限制在 $i=1,2,\cdots,N$ 范围内。在这种情况下,(4.33)式中包含 $2N+1$ 个待定系数。至少在理论上,这正好可以利用 1 个初始条件和 $2N$ 个边界条件(台阶处浓度不变)唯一确定这 $2N+1$ 个待定系数。所以,(4.33)式在理论上是有解的。图 4.16 是经过不同时间(渗碳)扩散后试样内部的碳浓度分布曲线(实线)和虚拟系统中的分布曲线(虚线)。

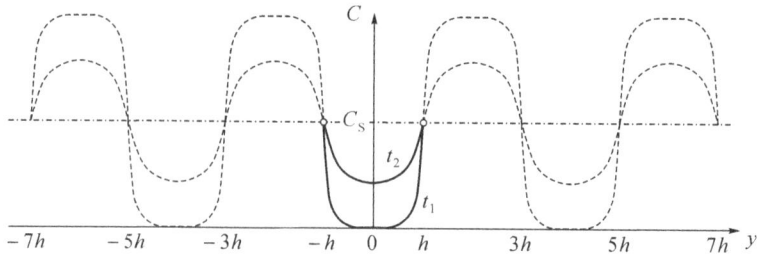

图 4.16 平板双侧表面渗碳长时间扩散的浓度分布曲线($t_2 > t_1 > 0$)

(粗实线表示实际试样中的浓度分布,虚线表示镜像系统中的浓度分布)

但即使把(4.33)式中的求和限制在 $i = 1, 2, \cdots, N$ 范围内,由于(4.33)式中的 $2N$ 个误差函数与时间相关,所以这 $2N+1$ 个待定系数也是时间的函数,难以获得问题的解析解。但正如我们在 4.3.1 节中所提到的,只要在数学上满足(4.14)式的函数 $C(y, t)$ 及其线性组合,都可能是菲克第二定律的解。所以对一个具体的扩散问题,我们没有必要限制用某种函数(如前面提到的高斯函数或者误差函数)求解,而是应该选用更适合于这个具体问题的菲克第二定律的解。对如图 4.16 所示的例子,采用难以获得解析解的误差函数解(4.33)式,显然是不太合适的。为此,我们需要寻找其他形式的解。

4.3.4 正弦函数解

在图 4.16 中,我们看到真实系统和镜像系统组合后的浓度分布曲线具有"周期性"函数特征,因此选择一个满足菲克第二定律(4.14)式周期函数作为这个问题的解是合适的。最典型的(连续)周期函数是正弦函数。

可以简单证明,函数

$$C(y, t) = A \exp(-4\pi^2 Dt / L^2) \sin(2\pi y / L) \tag{4.34}$$

满足菲克第二定律(4.14)式,同时具有以下特征:

(1) 它包含了一个只与时间自变量 t 相关的指数函数和一个只与距离自变量 y 相关的正弦函数;

(2) 它与距离 y 之间具有周期函数关系,波长为 L;

(3) 它与时间 t 之间具有指数衰减关系,振幅 $A \exp(-4\pi^2 Dt / L^2)$ 随 t 延长而降低。

当 $t = 0$ 时,(4.34)式可写为:

$$C(y, 0) = A \sin(2\pi y / L) \tag{4.35}$$

所以,(4.34)式是初始浓度分布满足(4.35)式的菲克第二定律的解。图 4.17 是根据正弦函数解(4.34)式计算得到的经不同无量纲时间 $\tau = Dt / L^2$ 扩散后的浓度分布曲线。可见在扩散过程中,正弦函数的波长保持不变,但振幅随时间快速下降。

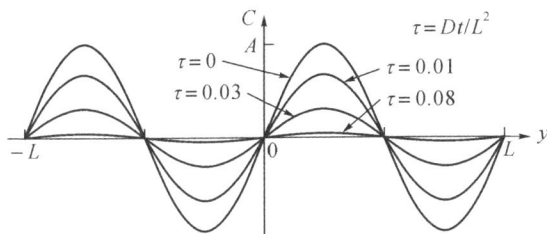

图 4.17 正弦函数解振幅随时间的衰减

在实际问题中,初始浓度分布正好是正弦函数分布的情况是不太可能的(如果不是完全没有)。例如,对如图 4.16 所示的扩散例子,其初始浓度分布(经过镜像扩展后)是如图 4.15 所示的方波(矩形波),而非简单的一个正弦波。

我们已经知道,菲克第二定律的任意解的线性组合也满足菲克第二定律。因此,如果某个初始浓度分布可表达为一系列的具有不同波长和振幅的正弦函数的线性组合,那么对应的正弦函数解的线性组合将是这个问题的菲克第二定律的解。

同时,我们也知道,任何一个连续周期函数都可展开为由一系列正弦函数的线性组合构成的"傅立叶级数"。例如,对如图 4.15 所示的波长为 $4h$、振幅为 C_S(浓度峰值为 $2C_S$、最低浓度为 0)的方波,可展开为如下傅立叶级数:

$$C(y,0) = C_S + \sum_{i=1}^{\infty} \left\{ \frac{2C_S}{(2i-1)\pi} \sin\left[\frac{(2i-1)\pi}{2h}(y-h) \right] \right\} \qquad (4.36)$$

其中,等式右边第一项 C_S 表示方波在成分方向上的对称中心(数学平均值);而求和号里面的 C_S 表示方波的振幅。

(4.36)式表示一个方波可以分解为无限多个正弦波的叠加。其中对应于 $i=1$ 的第一个正弦波称为基波(或一次谐波);其余正弦波相应称为 i 次谐波。随 i 的增加,i 次谐波的振幅 $2C_S/(2i-1)\pi$ 下降、波长 $4h/(2i-1)$ 缩短。

根据(4.34)式,对应于初始分布(4.36)式的菲克第二定律的解为:

$$C(y,t) = C_S + \sum_{i=1}^{\infty} \left\{ \frac{2C_S}{(2i-1)\pi} \exp\left[-\frac{(2i-1)^2\pi^2}{4h^2}Dt \right] \sin\left[\frac{(2i-1)\pi}{2h}(y-h) \right] \right\}$$

$$(4.37)$$

与初始分布(4.36)式比较,可以看到(4.37)式中增加了一个指数项,其物理意义是谐波振幅随时间呈指数下降,正如我们在对(4.34)式的分析中所提到的。这里值得特别指出的是,在这个指数项的自变量中,包含了一个和谐波次数 i 成平方相关的因子 $(2i-1)^2$。这意味着,对于 i 次谐波来说,其振幅下降一定比例所需的时间与 $(2i-1)^2$ 成反比,或者说与谐波波长 $4h/(2i-1)$ 的平方成正比。这样,对于 i 较大、波长较短的高次谐波来说,其振幅将随时间迅速衰减。根据图 4.14 所用的薄钢板厚度和碳原子扩散系数等参数,由(4.37)式计算的前 4 次谐波($i=1\sim4$)振幅的衰减曲线如图 4.18 所示。可见,谐波振幅的衰减速度也随 i 增加而显著加快。例如在本例中,4 次和 3 次谐波分别在 0.5

小时和 1.0 小时左右几乎消失；2 次谐波也在 3 小时左右消失，而此时基波（1 次谐波）的振幅还维持在其初始态的 50% 以上。此外由(4.36)式可知，随着 i 的增加，谐波的初始态振幅也是逐步降低的，因此对长时间扩散问题的正弦函数解(4.37)式，我们通常只需要考虑其中 $i=1$ 的基波，而忽略其他谐波，有效简化计算过程。

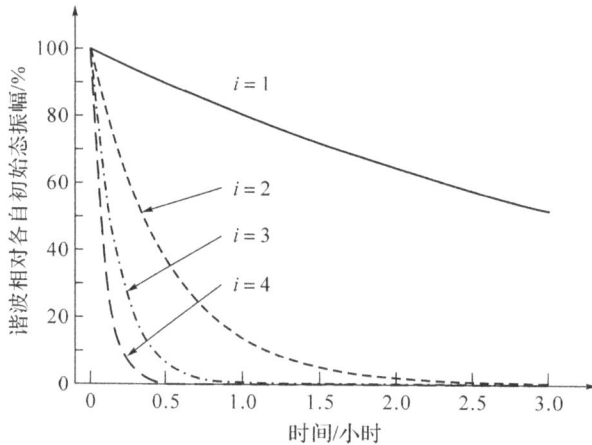

图 4.18　正弦函数解前 4 次谐波振幅的衰减曲线

　　菲克第二定律正弦函数解的这种高次谐波快速衰减的特征，使其特别适用于分析长时间扩散问题。金属材料中的均匀化退火是一个典型的长时间扩散问题。

　　合金在凝固时，通常先凝固的初生晶粒中溶质原子含量较少，而最后凝固的晶界附近溶质原子含量较高。为了消除凝固组织中的这种局部成分偏差，需要通过被称为"均匀化退火"的长时间扩散。假设某材料中，初生晶粒的平均尺寸为 d，晶界附近和初生晶粒内部的溶质原子浓度差为 ΔC_0，需要估算使浓度差异下降到原始浓度差的 1/10 所需的均匀化退火时间。

　　在实际材料中，沿某个方向的成分分布可能类似于图 4.19，不同晶粒的尺寸及其成分、不同晶界的宽度及其成分都可能存在偏差。虽然这种分布不具备如图 4.15 所示的那种严格的周期性，但仍可视为某种以 $\Delta C_0/2$ 为振幅、以平均晶粒尺寸 d 为波长的"准周期"矩形分布。作为一种近似分析，可以认为可将它展开为类似于(4.36)式那样的傅立叶级数。重要的是，对于长时间扩散问题，我们只需要考虑展开式的第一项：

$$C_1(y,t) = \alpha C_0 \exp\left(-\frac{4\pi^2}{d^2}Dt\right) \cdot \phi\left[\sin(2\pi y/d)\right] \tag{4.38}$$

其中，引入系数 α 和函数 ϕ 是考虑到实际成分分布与规则周期性矩形波之间的差异。

　　在(4.38)式中，只有指数项是与时间 t 相关的。对于估算浓度差异下降到原始浓度差的 1/10 所需时间的问题，我们实际上只需计算这个指数项下降到 1/10 所需的时间，即：

$$\exp\left(-\frac{4\pi^2}{d^2}Dt\right) = 1/10$$

或

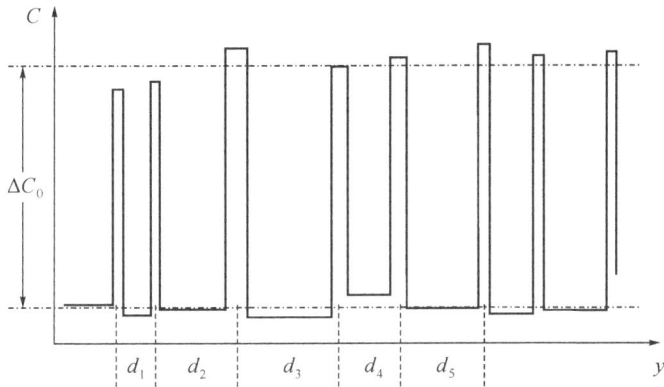

图 4.19 实际材料中的成分分布

$$t = \frac{d^2}{4\pi^2 D}\ln 10$$

假设溶质原子扩散系数 $D = 5 \times 10^{-15}\,\mathrm{m^2/s}$，晶粒平均尺寸 $d = 200\mu\mathrm{m} = 2 \times 10^{-4}\,\mathrm{m}$，则浓度差异下降到原始浓度差的 $1/10$ 所需时间大约为 466600s，或约 5.4 天。

4.3.5 指数函数解

考虑如图 4.20(a)所示一根"半无限长"二元合金棒相变过程中的扩散问题。假设该合金棒原始成分为 x_0，经 T_0 温度长时间退火均匀化后为具有均匀成分 x_0 的 α 相，当温度下降到 T_1 时，在"半无限长"棒的一端生成 β 相，并如图 4.20(a)所示以恒定的速度 v，通过消耗 α 相向另一端长大。图 4.20(b)是相关二元相图的局部，由相图中的 α、β 两相成分平衡关系可知，在 T_1 温度生成的 β 相成分为 x_0，与之平衡的界面处 α 相的成分为 $x^{\alpha/\beta}$。由于此时远处 α 相中的成分仍然是原始成分 x_0，在 β 相生长前沿的 α 相中将形成一个如图 4.20(c)所示的高浓度区，并导致 α 相中的溶质原子从相界面处向远处扩散。

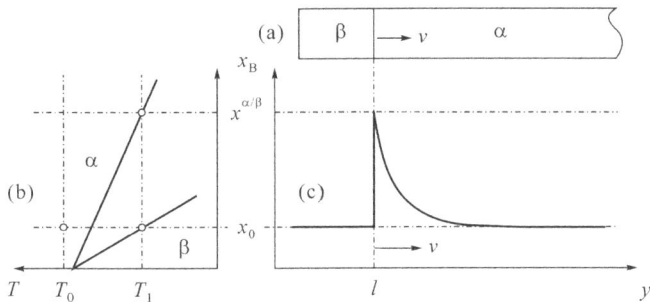

图 4.20 新相恒速生长过程中的扩散

由于 β 相是以恒速 v 生长的，因此在 t 时刻的 β 相长度可表达为 $l = l_0 + vt$。这意味着，在这个过程中 $(l - vt)$ 是一个与时间 t 无关的常数 l_0。因此，假如我们将距离坐标系以恒速 v 向右移动，则在这样一个新的参考坐标系中，合金棒中的成分分布将保持不变。所以,以$(y-vt)$的某个函数来描述这个系统中的浓度分布将是合适的。在已知的菲克第二定律的分析解中,满足这一条件的只有指数函数:

$$x = A + B\exp(Ky + K^2Dt) \tag{4.39}$$

其中,常数A、B和K可通过边界条件确定。在本例中,已知的边界条件有两个:

(1) 在两相界面处$(y=l=l_0+vt)$的α相成分是$x^{\alpha/\beta}$;

(2) 在远离界面处$(y\to\infty)$的α相成分是x_0。

根据第一个边界条件,我们有:

$$x^{\alpha/\beta} = A + B\exp(Kl_0 + Kvt + K^2Dt) \tag{4.40}$$

上式中,由于$x^{\alpha/\beta}$、A、B都是与时间无关的常数,所以(4.40)式右边的指数项也必须与时间无关,即:$Kvt+K^2Dt=$常数。实际上,我们可以将这个常数的指数值归并到常数B中,同时可以令:$Kvt+K^2Dt=0$,由此得:$K=-v/D$。于是,(4.40)式可写为:

$$x^{\alpha/\beta} = A + B\exp(-vl_0/D) \tag{4.41}$$

根据第二个边界条件,并注意到$K=-v/D<0$,由(4.39)式得:$x_0=A$。将其代入(4.41)式得到:

$$B = (x^{\alpha/\beta} - x_0)\exp(vl_0/D)$$

将上面得到的A、B和K代入(4.39)式,得到描述如图4.20(c)所示α相中成分分布曲线的指数分布函数:

$$x = x_0 + (x^{\alpha/\beta} - x_0)\exp\left[-\frac{v}{D}(y-l_0-vt)\right] \tag{4.42}$$

上面介绍了菲克第二定律的四种不同形式的解。虽然从数学上讲,它们都满足菲克第二定律,但对于具体的扩散问题,我们需要使用最合适的解的形式。本节介绍的四种菲克第二定律解的典型适用特例分别为:

(1) 高斯函数解:给定物质总量并在初态时集中于某一界面处的扩散问题;

(2) 误差函数解:界面浓度维持不变的扩散问题;

(3) 正弦函数解:成分均匀化退火过程中的长时间扩散问题;

(4) 指数函数解:新相生长过程中恒定的母相成分分布。

4.4 多相系统中的扩散

上述有关菲克第一定律和菲克第二定律的讨论,原则上也都适用于多相系统中的扩散。但对多相系统中的扩散问题,需要特别指出以下两个重要的基本概念。

第一,扩散是指原子在同一个相中的迁移,不包括原子跨越相界面的运动。原子在一个相中的随机跳跃在宏观上表现为原子向浓度(活度)降低方向的扩散,这种原子随机跳跃的统计规律服从菲克定律。但原子跨越相界面的运动不服从菲克定律,例如在图4.6或图4.20中,我们可以看到成分分布曲线的导数在相界面处趋向于无穷大。所以,原子跨越相界面的运动不是扩散,而是属于相变过程中的原子迁移。

第二,在尚未达到热力学平衡态的扩散系统中,可能存在局部的热力学平衡。正如我们在 4.1.4 节关于图 4.6 的讨论中所指出的,虽然扩散现象的存在意味着这个系统还没有达到热力学平衡态,但是在表面(界面)上始终服从热力学平衡关系。在多相系统的扩散问题中,这表现在相界面处的两相成分平衡关系。例如,在 1.2.2 节中讨论的多相系统中的相界面平衡成分,以及 4.3.3 节中讨论的表面渗碳过程中材料表面碳含量与渗碳气氛碳活度之间的平衡关系。扩散过程中的相界面处的成分平衡可以认为是"瞬间"实现的,取决于各组成元素在两相中的化学位,或者取决于平衡相图。

多相系统中的原子迁移可能同时涉及相内部的扩散过程和相对于相界面的跨越,例如扩散控制的相变过程(参见第 6 章)。在这里,两个动力学过程(相内扩散和相界跨越)不是相互独立的,而是受到相界面处成分热力学平衡关系的制约。下面我们结合一个例子简单讨论这种热力学平衡对动力学过程的制约关系。

图 4.21 是 Cr-Co 二元合金的平衡相图。某根含 20at% Co 的 Cr-Co 合金细棒,经 1300℃ 足够长时间均匀化处理后得到成分完全均匀的单相固溶体,然后冷却到 800℃ 并维持在此温度。根据相图,此时合金已处于过饱和状态,将析出金属间化合物 σ 相。

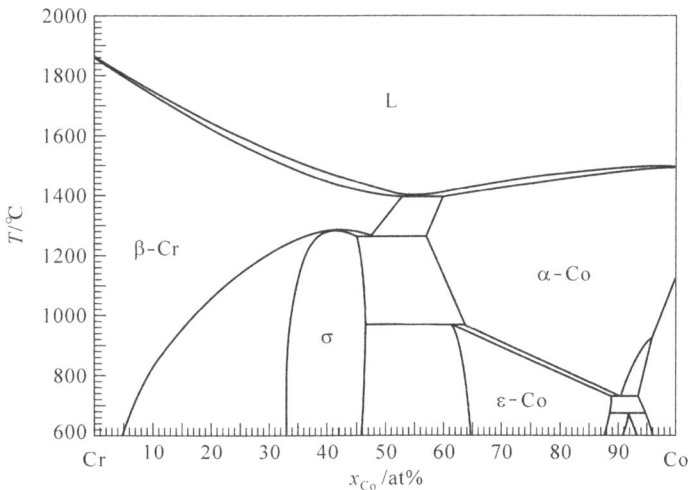

图 4.21　Cr-Co 二元相图

假设经过一定时间后,σ 相沿 y 方向(细棒轴向)已生长到长度为 h。如图 4.22 所示,在 800℃ 析出的 σ 相成分始终为 $x^{\sigma/\beta}$(≈33%),所以在图 4.22 的成分分布曲线上,σ 相的成分都在 $x^{\sigma/\beta}$。但在母相 β 相中,相界面处的成分取决于 800℃ 时平衡相图中 β 相与 σ 相的平衡成分 $x^{\beta/\sigma}$(≈9%),而距离相界面较远的地方,β 相的成分仍为原始成分 x_0(=20%),因此在 β 相中的成分分布呈曲线状,沿 y 方向逐步升高并趋近于 x_0。这种浓度梯度导致 β 相中 Co 原子从远处向两相界面处的扩散(如图 4.22 中箭头所指)以及 Cr 原子的反向扩散。由于相界面处的两相平衡成分是由相图所决定的,所以通过扩散到达相界面处的 Co 原子不可能停留聚集,而是(伴随一定比例的 Cr 原子)"跨越"界面进入 σ 相,使 σ 相继续(向图 4.22 中 y 正向)生长,以维持相界面处 β 相的热力学平衡成分 $x^{\beta/\sigma}$ 始终不变。

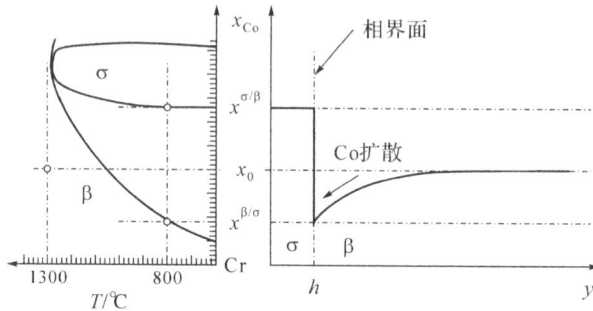

图 4.22 新相生长过程中的扩散和相界面平衡成分

4.5 思考题

1. 对"无限长"一维扩散系统,当时间足够长时,(4.28)式将等价于高斯解。请给予数学证明,并简要说明其物理意义。

2. 对图 4.20 的系统,请分别讨论当相变温度从 T_1 改变为 $T_1 + \Delta T$ 和 $T_1 - \Delta T$ 时,β 相生长时的成分分布。

3. 在某细长金属棒的一端镀上一定量的元素 B,经高温保温 24 小时后,测得距离镀层端 $10\mu m$、$20\mu m$、$30\mu m$、$40\mu m$、$50\mu m$ 处元素 B 的浓度分别为 $83.8g/m^3$、$66.4g/m^3$、$42.0g/m^3$、$23.6g/m^3$、$8.74g/m^3$。请以此计算 B 在这种金属中的扩散系数。

4. 实验发现,某钢材经 1000℃、5 分钟渗碳处理后,表面以下 0.1mm 处的碳含量达到某数值。请问:对相同的钢材和渗碳气氛,需要在 1050℃ 下进行几分钟的处理,才能使表面以下 0.2mm 处的碳含量提高到相同数值? 假设碳在该钢中的扩散激活能为 143kJ/mol。

5. 某单相固溶体凝固后,合金元素富集于较晚凝固的晶界处,使得晶界处和晶粒内部存在浓度差 $\Delta C_0 = 1\%$,需要进行均匀化退火以降低浓度差异。假设在均匀化退火温度下,合金元素在该固溶体中的扩散系数 $D = 10^{-10}mm^2/s$,固溶体的平均晶粒尺寸为 $100\mu m$,请估算经 10 小时退火后的浓度差 ΔC。另外,如果其他条件相同,而平均晶粒尺寸为 $150\mu m$,请计算将浓度差降低到相同水平所需的均匀化退火时间。

6. 请举两个不同性质的上坡扩散例子,简要说明发生上坡扩散的热力学原因。

7. 假设金属 A 为简单立方晶体结构,原子间距为 2Å。在一根细长纯 A 棒的一端镀上一个原子层厚度的扩散物质 B。如果 B 在 A 中的扩散系数 $D = 10^{-10}mm^2/s$,请估算经过 1 小时扩散后 B 原子的平均扩散距离 $\bar{y}$、均方根距离(等效扩散距离)$\sqrt{\overline{y^2}}$ 以及 B 原子可能到达的最远距离 y_{max}。

第5章

凝　　固

凝固是一个从非晶态(液体)到晶态(固体)的相变过程。虽然有时也把液体到非晶态固体(玻璃态)的转变过程称为凝固,但考虑到这个转变过程的热力学动力学特性(很低的潜热释放、不确定的转变温度等),以及玻璃的非晶态原子排列特征,从相变角度考虑,从液态到玻璃态的转变不属于凝固过程。

凝固是由于温度变化,使得系统的热焓 H 和熵 S 之间平衡关系发生变化而导致的一种相变过程。在熔融状态下,系统中原子排列相对混乱,因此具有较高的 S;同时,液态原子间的断键也使系统具有较高的 H。在确定温度下,系统的平衡状态受 $G=H-TS$ 最小化的热力学条件所控制。当温度 T 较低时,维持液态下较高的熵对自由能最小化的贡献 $(-TS)$ 已不足以弥补液态下较高的焓。通过凝固,系统中原子间断键基本消除,H 大幅度降低(宏观上表现为释放凝固潜热)。虽然由于固态(晶体)中原子排列整齐,凝固使得 S 也有所降低,但在熔点以下,发生凝固所导致的 ΔH 下降量超过因熵降低而引起的 $(-T\Delta S)$ 的上升量,从而使得 $\Delta G<0$,系统将从液态自发转变为固态。

5.1　形核过程

与晶体相比,液体中的原子空间状态具有两个主要特点:一是原子排列的无序性,二是原子位置的不固定性。原子排列的无序性使得液体的密度通常低于固体[①],但对大多数金属材料而言,熔点附近液体的体积仅仅比晶体大 $2\%\sim4\%$。这意味着液体中存在一些原子之间像固态(晶体结构)那样的密排原子团簇。由于液体中原子位置的不固定性,液体中的原子处于不断的运动之中,这些密排原子团簇通常也是不稳定的,不断形成,而又瞬间消亡。

随着液体温度的下降,一方面液体密度的提高使得密排原子团簇数量更多、体积更大,另一方面原子运动速度的下降也使得液体中的原子团簇相对更稳定。当液体温度下降到熔点以下时,过冷液体中有可能形成一些能稳定存在的密排原子团簇。这种团簇称为"晶核",而在过冷液体中形成晶核的过程称为(凝固)形核过程。

[①]　存在一些特例,例如水在 0℃时的密度大于晶态的冰。

5.1.1　形核功与形核半径

图 5.1 是瞬间的液体原子排列状态示意图,显示其中存在一些类似于晶体的密排原子团簇(阴影部分)。假设在液体中形成了一个半径为 r 的球形密排原子团簇,系统自由能的变化量为:

$$\Delta G_r = -V\Delta G_V + A\gamma = -(4/3)\pi r^3 \Delta G_V + 4\pi r^2 \gamma \tag{5.1}$$

其中,V 和 A 分别是密排原子团簇的体积和表面积;γ 是液体和固体(密排原子团簇)之间的单位面积界面能;ΔG_V 是单位体积(相同成分)液体和密排原子团簇之间的自由能差异,$\Delta G_V = G_V^l - G_V^s$。当过冷度不太大时,可以用下面的近似式计算 ΔG_V:

$$\Delta G_V = L_V \Delta T / T_m \tag{5.2}$$

其中,L_V 是单位体积的熔化潜热;ΔT 是过冷度,$\Delta T = T_m - T$。

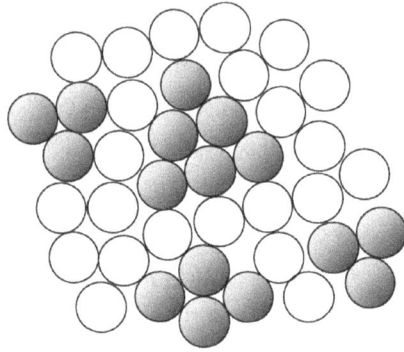

图 5.1　液体瞬间结构(阴影原子为密排原子团簇)

当过冷度 $\Delta T > 0$(系统温度低于熔点 T_m)时,$\Delta G_V > 0$。由于在(5.1)式中 ΔG_V 出现在"负项"中,说明在过冷液体中形成一定体积的密排原子团簇,体积自由能的变化是可以降低系统自由能的。但同时,由于具有固态结构的密排原子团簇的存在将形成一个"固液界面",由此产生的界面能将导致系统自由能的上升。因此,在液体中形成密排原子团簇后,系统总的自由能变化将取决于体积自由能和界面自由能的相对大小。

根据(5.1)式,当过冷度 $\Delta T > 0$ 时,形成一个半径为 r 的密排团簇所引起的系统自由能变化(ΔG_r-r 关系曲线)如图 5.2 所示。可以看到,在 ΔG_r-r 关系曲线上存在着一个对应于 ΔG_r 极大值 ΔG^* 的临界半径 r^*。半径小于 r^* 的密排原子团簇继续长大会导致系统自由能的进一步上升,所以这些小团簇会随液体中原子的不断运动而被溶解。相反,半径大于 r^* 的密排原子团簇由于继续长大会降低系统自由能而得以稳定存在,并作为凝固核心而继续长大。因此,我们称 r^* 为"临界形核半径",相应地把 ΔG^* 称为"临界形核功"。

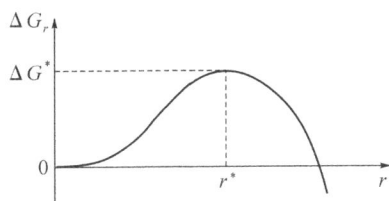

图 5.2　（$\Delta T > 0$ 时）系统自由能变化量与密排原子团簇尺寸关系

临界形核功 ΔG^* 和临界形核半径 r^* 可以通过对（5.1）式求导并令其等于零计算得到：

$$\Delta G^* = \frac{16\pi}{3} \cdot \frac{\gamma^3}{(\Delta G_V)^2} \tag{5.3}$$

$$r^* = 2\gamma/\Delta G_V \tag{5.4}$$

在一个包含 n_0 个原子、处于熔点以上温度的液相系统中，半径为 r 的密排原子团簇的平均数量为：

$$n_r = n_0 \exp\left(-\frac{\Delta G_r}{kT}\right) \tag{5.5}$$

由于在熔点以上时，$\Delta G_V = G_V^l - G_V^s < 0$，所以（5.1）式中的体积自由能和表面自由能对 ΔG_r 都是"正贡献"，即 $\Delta G_r > 0$ 并且以团簇尺寸 r 的三次方关系快速上升。这样，在（5.5）式中，尽管指数前系数（系统中的原子数量 n_0）通常数值很大，但注意到指数项中存在一个与团簇尺寸 r 成三次方关系的项，熔点以上的液体中实际上不可能出现 r 较大（例如接近临界形核半径）的密排原子团簇。

在熔点以下的过冷液体中，（5.5）式只适合于描述 $r < r^*$ 的团簇数量。由图 5.2 可见，当 $r > r^*$ 时 ΔG_r 随 r 上升而下降，此时（5.5）式意味着大尺寸团簇的数量反而会随 r 上升而增加，甚至可能超过系统的原子数量 n_0，这显然是不符合实际情况的。所以，（5.5）式只能用于描述液体中 $r < r^*$ 的团簇数量。事实上，由于 $r > r^*$ 的团簇已经是稳定的固相晶核，而不再是液相的一部分，所以不能用（5.5）式描述。

图 5.3 中给出了液体中可能出现的最大密排原子团簇尺寸 r_{max} 和临界形核半径 r^* 随过冷度 ΔT 变化的示意曲线。随着过冷度 ΔT 的增加（对应于系统温度下降），体积自由能变化 ΔG_V 对降低系统总的自由能的贡献逐渐显著，因此液体中最大团簇的尺寸随之上升。同时，根据（5.2）式，ΔG_V 与过冷度 ΔT 成正比，所以由（5.4）式可知，临界形核半径与 ΔT 成反比关系，在过冷度 $\Delta T \to 0$（温度接近熔点）时，临界形核半径 $r^* \to \infty$。由图 5.3 可见，在过冷度很小时，液体中可能出现的最大密排原子团簇尺寸小于临界形核半径，此时不可能产生可作为凝固核心的原子团簇。只有当过冷度超过 ΔT_N 时，过冷液体中产生尺寸大于临界形核半径的原子团簇，形核才有可能。Turnbull 和 Cech 的金属小液滴实验研究表明，大多数金属的凝固形核临界过冷度 ΔT_N 大约为 $0.2 T_m$[7]。

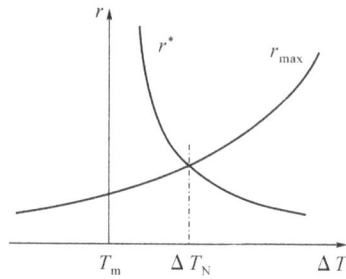

图 5.3　形核过冷度 ΔT 的作用

在上面的讨论中，我们提到半径小于 r^* 的原子团簇不能长大，而半径大于 r^* 的团簇可以作为凝固核心继续长大以降低系统自由能。但在图 5.2 中我们也看到，即使是形成一个半径稍大于 r^* 的密排原子团簇，系统的自由能也是上升的（$\Delta G > 0$）。由此引出的问题是，为什么能形成这种导致体系自由能上升的密排原子团簇？

为了说明这个问题，这里需要先讨论形核过程的微观机制以及相关的"起伏"概念。

首先我们必须指出，液体中的密排原子团簇是原子随机运动的"瞬间"产物。这意味着液体中的密排原子团簇不是"由小到大"逐步长大的，而是由于原子的随机运动（包括短程的原子位置偏移和长程的原子扩散）瞬间形成的，并且如果这种团簇不能作为凝固核心稳定存在，则将迅速消失。因此，液体中密排原子团簇及其尺寸都是一种动态现象。系统中不同微观区域内的原子排列结构不同，同一个微观区域在不同时刻的原子排列结构也可能不同。这种空间上和时间上的结构变化被称为"结构起伏"。

其次，在一个系统中，能量也不是平均分配到每个原子或者每个微观区域内的。和结构起伏类似，系统中的能量也存在着空间分布的不均匀性和时间上的动态变化特征。在某些微观局部空间的某个时刻，可能存在高于系统平均值的瞬态自由能。这种现象称为"能量起伏"。正是由于系统中这种能量起伏现象的存在，使得在过冷液体中的某些自由能比较高的微观区域可能形成密排原子团簇。尽管形成这些团簇后系统总的自由能有可能上升，但在形成密排原子团簇的那些微观局部区域，由于原始能量较高，形成密排原子团簇后的局部自由能变化量还是可能小于零的。

最后，对二元或多元溶液而言，除了结构和能量的起伏以外，还可能存在溶质原子分布的动态不均匀性，即"成分起伏"。二元合金凝固形核过程中的成分起伏不仅表现在首先凝固部分的固体成分不同于液体平均成分，而且更重要的是表现在得以成为凝固核心的密排原子团簇的成分需要满足形核驱动力（ΔG_V）最大化条件。这将在下面一节详细讨论。

5.1.2　二元合金中的形核驱动力

过冷液体中的密排原子团簇是系统中结构起伏的瞬间产物。可以想象，在过冷液体中，少数几个原子"恰巧"聚合形成一个微小密排原子团簇是很常见的，但对应于临界形核半径的团簇通常包含数千乃至上万个原子。例如,已知纯铜熔点为 1084.62℃ (1357.77K),固液界面能 γ 大约为 0.177J/m^2,熔化潜热 L_V 约为 $1.88\times10^9\text{J/m}^3$。由 (5.2)式可知,1000℃时(对应于过冷度约为 84.6℃)的过冷熔液与固相之间的体积自由能差 ΔG_V 约为 $0.117\times10^9\text{J/m}^3$。根据(5.4)式可得到 1000℃时纯铜过冷液体的临界形核半径大约为 3nm,相当于一个由近万个铜原子密排组成的球状团簇。显然,那么多原子正好在某个瞬间聚集在一起并像晶体那样排列形成密排原子团簇的概率是很小的。

上面的讨论说明,在过冷液体中形核的条件是很苛刻的。而如果能获得更高的形核驱动力 ΔG_V,由(5.3)式和(5.4)式我们可以看到,可以同时降低形核功 ΔG^* 和临界形核半径 r^*,从而有助于过冷液体中的形核。事实上,在二元或多元合金溶液凝固过程中,只有那些对应于最大形核驱动力成分的团簇,才能优先形成稳定团簇并成为凝固核心。

图 5.4 是一个液固两相都完全互溶的 A-B 二元合金相图和 T_1 温度时的自由能曲线图。一个成分为 x_0,在 T_0 温度下完全熔化并成分均匀化的合金熔体,当快速冷却到 T_1 温度时,根据相图可知已处于液固两相区,将发生(部分)凝固,形成成分分别为 x^S 的固体和 x^L 的液体。在这个过程中,系统的摩尔自由能从图 5.4 下部 T_1 温度时的 G 图中的 P 点下降到 Q 点。线段长度 $|PQ|$ 代表了 T_1 温度时 1 摩尔成分为 x_0 的过冷液体转变为 ξ^S 摩尔成分为 x^S 的固体和 ξ^L 摩尔成分为 x^L 的液体的自由能降低量 ΔG,其中固体和液体的摩尔分数 ξ^S 和 ξ^L 由杠杆定律决定:

$$\begin{cases} \xi^S = \dfrac{x^L - x_0}{x^L - x^S} \\[2mm] \xi^L = \dfrac{x_0 - x^S}{x^L - x^S} \end{cases} \tag{5.6}$$

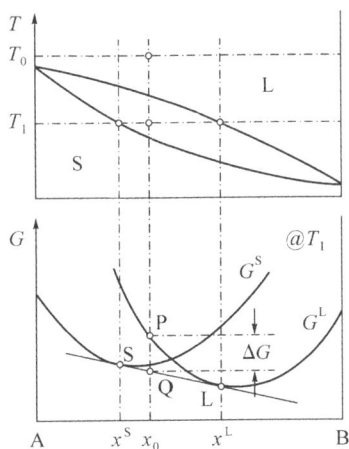

图 5.4　简单二元合金体系的相图和自由能曲线图

由于在 1 摩尔过冷液体中只有 ξ^S 摩尔发生了凝固,所以我们首先需要分析在 T_1 温度下最终转变为固体的 ξ^S 摩尔液体的凝固驱动力。根据热力学中状态函数与路径无关的原理,我们假设在 T_1 温度下,把 1 摩尔成分为 x_0 的过冷液体的凝固过程分解为如图 5.5 所示的两个步骤:第一步是把液体分为 ξ^S 摩尔成分为 x^S、摩尔自由能在图 5.5 中的 R 点的过冷液体(其中 R 点是 P、L 两点连线延长线和 x^S 成分垂直线的交点),以及 ξ^L 摩尔成分为 x^L、摩尔自由能在 L 点的液体;第二步是 ξ^S 摩尔成分为 x^S、摩尔自由能在 R 点的过冷液体发生凝固,转变为成分相同但摩尔自由能在 S 点的固体。

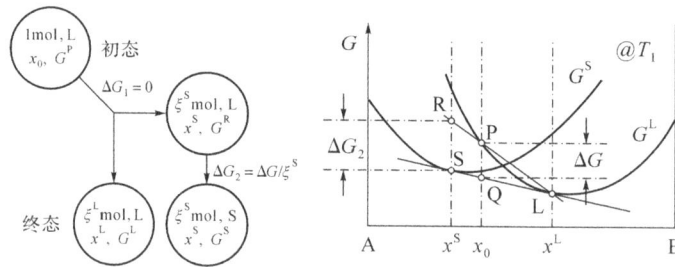

图 5.5　凝固过程分解和自由能曲线

由这样两个步骤组成的"虚拟凝固过程"与实际平衡凝固过程具有完全相同的始态(1 摩尔成分为 x_0、摩尔自由能在 P 点的液体)和终态(ξ^S 摩尔成分为 x^S、摩尔自由能在 S 点的固体和 ξ^L 摩尔成分为 x^L、摩尔自由能在 L 点的液体),因此整个过程的摩尔自由能变化还是 ΔG。同时可以简单证明,其中第一步的系统自由能变化量 $\Delta G_1 = 0$,系统的平均自由能还是在 P 点。所以整个凝固过程的自由能下降 ΔG 完全来自 ξ^S 摩尔成分为 x^S 的过冷液体发生凝固转变的贡献,即这部分过冷液体的摩尔自由能从 R 点降低到 S 点。在图 5.5 中,线段长度 $|RS|$(即图中的 ΔG_2)代表了 T_1 温度时 1 摩尔成分为 x^S、摩尔自由能在 R 点的过冷液体凝固所导致的自由能下降。所以,无论是根据图 5.5 中的几何关系,还是根据虚拟凝固过程与实际凝固过程的相变自由能变化相等的原则,都可以证明:$\Delta G_2 = \Delta G/\xi^S$。

根据图 5.5 所得到的 ΔG_2 是系统中在 T_1 温度下发生凝固的那部分过冷液体的单位摩尔凝固自由能,这显然还不是我们希望得到的形核驱动力(单位摩尔形核自由能)。事实上,由于凝固核心在系统中所占的比例非常小,所以在上面讨论的虚拟凝固过程的第一步中,不需要从液体中分出最终发生凝固的 ξ^S 摩尔,而只需要很微小的一部分。此时,剩余液体在图 5.5 中的状态点不是在 L 点,而是无限接近原始的 P 点,即从系统中"分出"很微小的一部分将发生形核的过冷液体后,系统剩余部分的成分和摩尔自由能都几乎不发生变化。这相当于将图 5.5 中的 PL 连线的 L 端点沿液体自由能曲线 G^L 向左移动并无限靠近 P 点,得到 G^L 曲线上 P 点的切线 T^L,如图 5.6 所示。也就是说,如果我们从过冷液体中分解出极微量的一部分作为形核前驱,其成分为 x^S、摩尔自由能在 R' 点,则剩余部分液体的成分还是 x_0,摩尔自由能仍然维持在 P 点。此时,图 5.6 中的线段长度 $|R'S|$ 就是分出来的那部分 x^S 成分液体的形核驱动力 $\Delta G_2{}'$。

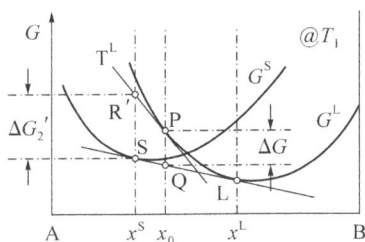

图 5.6 成分为 x^S 的形核驱动力

在图 5.6 中,我们所获得的是成分为 x^S 的形核驱动力,显然它大于图 5.5 中得到的 x^S 成分的凝固驱动力 ΔG_2。但正如我们前面指出的,在涉及成分变化的合金中,形核总是优先发生于可获得最大形核驱动力的成分。这个对应于最大形核驱动力的成分并不一定就是相图确定的凝固完成后的固相成分 x^S。

根据上面对图 5.6 的分析,我们知道从液体中分出来的那部分极微量形核前驱体的摩尔自由能总是在 x_0 处液相自由能曲线 G^L 的切线(T^L)上。因此,寻求最大形核驱动力就是在图 5.6 中寻找液相自由能切线 T^L 到固相自由能曲线 G^S 的最大垂直方向距离。通过简单几何关系可以证明,这个最大距离就是 G^L 曲线上 P 点切线(T^L)和与之平行的 G^S 曲线上的切线(T^S)之间的垂直方向距离,如图 5.7 所示。此时对应的核心成分为 x_N。这种关系的数学表达为:

$$\left.\frac{\partial G^S}{\partial x}\right|_{x=x_N} = \left.\frac{\partial G^L}{\partial x}\right|_{x=x_0} \tag{5.7}$$

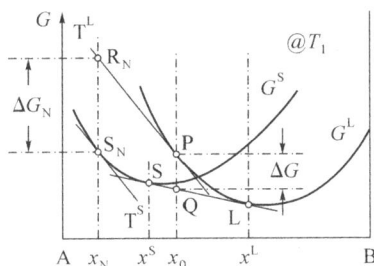

图 5.7 最大形核驱动力及其对应的核心成分

上述分析表明,在满足(5.7)式的成分 x_N 处可以获得最大形核驱动力 ΔG_N。这说明实际发生形核的成分不仅不同于液体平均成分 x_0,而且也不同于(T_1 温度下)凝固后的固相平衡成分 x^S。正是系统中成分起伏现象的存在,使得有可能在某些偏离系统平均成分的微区获得最大的形核驱动力。但这里同时需要指出,一旦凝固核心形成,此后在核心上生长(凝固)的那部分成分将是相图决定的 x^S 成分[①]。同时,由于核心非常小,核心成

---

① 对合金凝固而言,由于液固两相成分不同,在凝固过程中将涉及原子扩散。如果这种扩散的速度跟不上凝固的速度,将造成液固两相成分偏离平衡相图。

分的偏离也不会对凝固后的固体成分产生影响。

5.1.3 非均匀形核

在上面的分析中我们看到,形核过程需要有足够大的成分起伏以获得最大形核驱动力 ΔG^N,需要有足够大的结构起伏微区以形成大于临界形核半径 r^* 的密排原子团簇,同时还需要有足够大的能量起伏以使形核微区拥有克服临界形核功 ΔG^* 的额外能量。这些都是形核所必需的条件,在一个系统中同时满足这三方面条件显然是很困难的,因此如5.1.1 节所述,一般金属的凝固需要有很大的过冷度 ΔT,以便提高形核驱动力 ΔG_V[参见(5.2)式],从而降低临界形核功 ΔG^*[参见(5.3)式]和临界形核半径 r^*[参见(5.4)式],同时有可能在过冷液体中形成更大尺寸的密排原子团簇(参见图 5.3)。对大多数金属而言,正常形核所需要的过冷度大约为 $0.2T_m$,这相当于 200K 或者更大。

从(5.1)式中我们可以看到,需要很大过冷度的根本原因在于形核产生的界面能提高了系统的自由能。假如系统中存在某种可以弥补界面能的机制,则可望有效降低形核所需的过冷度。这就是非均匀形核。

事实上,由于熔体通常处于某个容器中或者一个固体表面上,这个容器壁或者固体表面是熔体凝固最常见的非均匀形核场所。当晶核依附于某个固体表面形成时,固体表面与熔体之间原有的界面能将可能抵消一部分形核产生的界面能。图 5.8 是依附于某个容器壁形核的示意图。假设熔体(L)与容器壁(M)之间原有的界面能是 γ_{ML},晶核(S)与熔体之间的界面能是 γ_{SL},晶核与容器壁之间的界面能是 γ_{SM},则形成一个半径为 r 的球冠状晶核后系统的自由能变化量为:

$$\Delta G_{het} = -V_S \Delta G_V + A_{SL}\gamma_{SL} + A_{SM}(\gamma_{SM} - \gamma_{ML}) \tag{5.8}$$

其中,等号左边的下标"het"表示非均匀形核(heterogeneous nucleation);等号右边 V_S 是球冠状晶核的体积;A_{SL} 和 A_{SM} 分别是晶核与熔体之间的界面面积(球冠表面积)和晶核与容器壁之间的界面面积(球冠底部面积)。V_S、A_{SL} 和 A_{SM} 都与球冠状晶核的几何形状参数(见图 5.8 中的夹角 θ)有关,而 θ 又取决于三个界面能之间平衡:

$$\gamma_{ML} = \gamma_{SM} + \gamma_{SL}\cos\theta \tag{5.9}$$

将(5.9)式和有关球冠的几何公式代入(5.8)式,对 r 求导并令其等于零,可得到非均匀形核自由能最大值(临界形核功):

$$\Delta G_{het}^* = (16\pi/3)\gamma_{SL}^3/(\Delta G_V)^2 \cdot S(\theta) \tag{5.10}$$

与 5.1.1 节中得到的均匀形核的临界形核功(5.3)式比较,非均匀形核时的临界形核功(5.10)式中多了一个形状因子 $S(\theta)$。它定义为:

$$S(\theta) = (2+\cos\theta)(1-\cos\theta)^2/4 \tag{5.11}$$

同样,可以得到非均匀形核时的临界形核半径:

$$r_{het}^* = 2\gamma_{SL}/\Delta G_V \tag{5.12}$$

可以看到,它与均匀形核临界半径表达式(5.4)完全相同,只是考虑到非均匀形核时存在三种不同界面的界面能,因此用 γ_{SL} 取代 γ 以避免混淆。

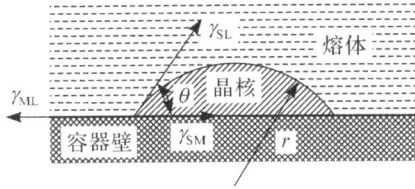

图 5.8　容器壁上的非均匀形核

均匀形核与非均匀形核时的形核功和临界形核半径示意曲线如图 5.9 所示。

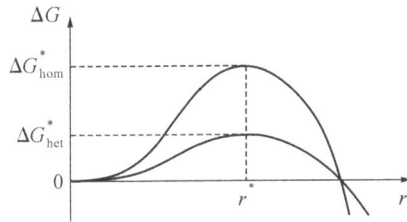

图 5.9　均匀形核功 ΔG_{hom}^*、非均匀形核功 ΔG_{het}^* 和临界形核半径 r^*

5.1.4　形核速率

假设单位体积液体内有 C_0 个原子。当液体温度降低到熔点以下时,液相中可能形成不同尺寸的类似于固相密排结构的原子团簇。根据(5.5)式,单位时间内在单位体积液体中形成正好达到临界形核半径 r^* 的团簇数量是:

$$C^* = C_0 \exp\left(-\frac{\Delta G^*}{kT}\right) \tag{5.13}$$

这样的一个团簇正好处于临界状态,但如果再添加一个原子,它就可成为稳定的晶核。假设在半径 r^* 的原子团簇上增加一个原子的概率是 f_0,则由(5.13)式可以得到单位时间内在单位体积液体中形成稳定晶核的数量,即形核速率:

$$N = f_0 C_0 \exp\left(-\frac{\Delta G^*}{kT}\right) \tag{5.14}$$

(5.14)式对均匀形核和非均匀形核都是适用的,差异只是指数项中的临界形核功 ΔG^* 不同,参见(5.3)式和(5.10)式。如果用(5.3)式中的 G^* 代入上式,并结合(5.2)式,则(5.14)式可改写为:

$$N = f_0 C_0 \exp\left[-A(\Delta T)^{-2}\right] \tag{5.15}$$

其中,A 是一个对温度相对不太敏感的参数:

$$A = \frac{16\pi\gamma^3 T_{\text{m}}^2}{3L_{\text{V}}^2 kT}$$

从(5.15)式中可以看到过冷度 ΔT 以平方的形式出现在指数项的分母中。这意味着,随系统温度的降低(对应于 ΔT 增大),形核速率将快速上升。图 5.10 给出了均匀形核与非均匀形核条件下的临界形核功和形核速率与熔体过冷度的关系。可以看到,随 ΔT 增大,形核所需的形核功迅速下降,形核速率爆发式上升。同时,非均匀形核条件下发生"可观察到"的形核现象(大约为在 $1cm^3$ 体积熔体中每秒钟形成至少 1 个晶核)所需的过冷度远远低于均匀形核。事实上,绝大多数情况下,过冷液体凝固时的形核都是非均匀形核。除了铸造模型等容器壁以外,熔体内部的一些固态杂质颗粒也可能诱发非均匀形核。雾化制粉可能是最常见的一种接近于均匀形核的金属凝固形核过程。在雾化制粉工艺中金属熔体被高压气流、液流或离心力粉碎为小液滴,并在接触容器壁等固体表面之前发生凝固。在这种凝固过程中,由于缺乏可能导致非均匀形核的固体表面,小液滴通常可以获得很大的过冷度,从而在强过冷条件下发生快速凝固。

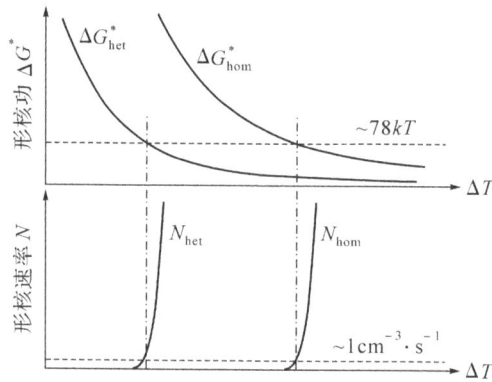

图 5.10   两种形核条件下形核功和形核速率与过冷度关系

我们在上面计算形核功 ΔG^* 时,假设核心为球状或球冠状。虽然这种假设具有晶核表面积最小化的合理性,但考虑到形核是一个瞬态现象,这种假设主要是出于简化计算过程的需要。此外,在图 5.8 的非均匀形核示意图中,我们虽然没有特意说明,但事实上还使用了容器壁表面是原子级光滑的简化假设。而实际容器(例如铸造工艺中使用的铸型)表面常常存在大量凹凸或缝隙,其尺寸可能大于通常只有几个纳米的晶核。此时过冷熔体可以在容器壁的凹陷处或缝隙中形核。在这种形核条件下,所需的形核功甚至可能显著小于(5.10)式给出的非均匀形核功 ΔG^*_{het},形核所需的过冷度也将相应降低。

在讨论形核过程时我们必须清晰理解,这种讨论的基础是针对宏观系统的热力学与动力学。因此,和第 4 章中讨论的扩散问题类似,形核是原子运动的宏观统计表现,而不适用于描述特定原子在特定时刻的运动行为。如 5.1.1 节最后部分所论述,过冷液体的化学组成、原子排列、自由能存在空间上的差异性,即成分起伏、结构起伏和能量起伏。假如过冷液体中某个局部在某个瞬间,其组成对应于最大形核驱动力(参见图 5.7)的成分,其原子排列方式接近于固相原子结构,同时又具有足以克服形核功(ΔG^*)的额外自由能,则这个局部将形成一个稳定的晶核。反之,伴随着原子的随机运动,这个局部的成分、原子排列状态和能量都将发生变化,从而失去形核条件。因此,凝固结晶核心的产生不是一个原子逐步"聚集"的过程,而是一种瞬态现象。

以上关于形核过程的分析和讨论,虽然是基于熔体的凝固过程展开的,但其基本的热力学和动力学原理及其推论同样适用于其他相变过程,其中包括固态相变过程中的形核问题(参见第 6 章),以及其他不在本书专门讨论范围内的相变过程中的形核问题,例如在化学气相沉积或物理气相沉积中的气体冷凝形核过程。通过喷洒 AgI 等实施人工降雨,本质上也是为水汽冷凝提供非均匀形核条件。

5.2　凝固时的固相生长

过冷熔体凝固时的固相生长是一个微观机制和形核不同的过程。如前所述,形核是过冷熔体中基于成分、能量和结构起伏的一个瞬间动态现象,而固相生长则是通过液相中的原子"装配"到晶核表面从而使晶核逐步长大的一个持续渐变过程。从自由能变化角度考虑,一个自由能上升的瞬态现象(由于能量起伏的存在)是可能发生的,但一个可能导致自由能上升的持续过程是不可能发生的。如图 5.2 和图 5.9 所示,小于临界形核半径 r^* 的原子团簇由于增加尺寸会导致自由能继续上升而将迅速消亡。只有那些瞬间形成的尺寸大于 r^* 的密排原子团簇,可通过吸纳液相原子增加团簇尺寸逐步降低自由能,才能成为凝固核心继续长大。所以,固相生长过程中,液相原子向固态晶核或晶体的每一步转移都必须满足自由能下降原则。

5.2.1　金属的连续生长

金属固体的一个重要特征是原子之间是通过共享自由电子而相互结合的。在这种金属键晶体中,不同晶面的表面能差异不很大,而且(对固溶体而言)不同元素原子在晶体中的占位也是随机的。因此大多数金属及其固溶体合金在凝固过程中的固液界面通常是一种不规则的"粗糙"界面。如图 5.11 所示,凝固过程中液相原子可以任意占据界面附近固相中的空缺位,而不破坏界面的稳定性。这种持续的单个原子"装配"到固相中的微观过程,使得固相晶体的生长具有"连续生长"特征。

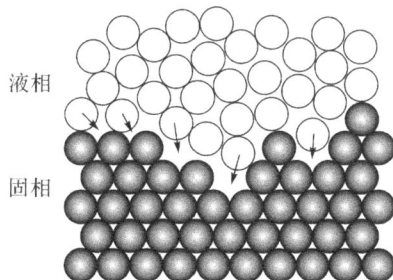

图 5.11　金属凝固时的固液界面

在这种生长过程中,液相原子到固相的转移只需要大约几分之一度的过冷度,因此可以认为固液界面大致处于平衡熔点温度。同时,凝固时液相原子向固相晶体的转移伴随着系统能量的释放(凝固潜热)。这部分热能必须从界面处及时传递出去,否则将引起固液界面附近的温度上升。对于纯金属的凝固过程,这种热传导是固相生长速度的控制因素;而合金固溶体的凝固过程,主要受到溶质扩散速度的控制(参见 5.3 节)。

5.2.2 化合物的侧向生长

与金属及其固溶体不同,化合物晶体的表面各向异性更显著,同时不同元素原子在晶体中的占位通常也是不同的。因此,化合物凝固时的固液界面通常是界面能较低的一些晶面。这在微观组织特征上表现为"光滑"界面。在这种光滑界面上,液相原子的"装配"将受到一些限制。如图 5.12 所示,当一个液相原子落到光滑界面固体的 A 位后,将成为光滑界面上的一个孤立凸起原子,并产生 4 个新增断键,引起系统能量的上升。这部分相当于描述凝固形核过程自由能变化的(5.1)式中等号右边的第二项,4 个新增断键引起的能量上升通常将远大于单个原子凝固所获得的体积自由能的下降,因此这种孤立原子从液相到固相的光滑界面上的转移是不太可能发生的,或者是不稳定的,落到类似于 A 位的原子将马上跳回到液相中。这意味着原子尺度上的光滑界面本质上不具有吸纳液相原子的能力。但是,如果在固液界面上存在如图 5.12 中 B 位那样的"角隅",则液相原子进入这样的位置后不会增加固体表面的断键数量,而引起的系统体积自由能的下降使这些角隅位置吸纳液相原子得以自发进行。

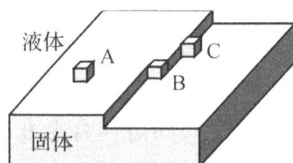

图 5.12   单个液相原子落到光滑固相表面时增加断键的情况:落在 A 位时新增 4 个断键,落在 B 位不增加断键,落在 C 位新增 2 个断键

在这里,我们必须指出两点。第一,从热力学角度考虑,过冷液体的凝固本身是一个系统自由能下降的过程,液相原子转移到固相表面,使得固相生长是一个总的趋势,因此只要所导致的新增断键数量不是太多,液相原子还是可能落入固体表面的。第二,无论是液相原子落入固体表面,还是原子从固体表面跳回液相中,都是需要时间的动力学过程。例如,图 5.12 中的 C 位那样的"台阶",虽然吸纳一个液相原子后会增加 2 个断键,但由于所导致的界面能上升远远小于 A 位那样的完全孤立原子,因此进入 C 位的原子概率将比 A 位大得多,并且如果在 C 位原子跳回液相以前,又有其他原子进入两侧的角隅,则更能提高 C 位原子的稳定性。事实上,在化合物凝固过程中,类似于 C 位那样的台阶位置在数量上远远大于 B 位那样的角隅,因此液相原子落入台阶位可能是更重要的固相生长机制。

液相原子无论是落入角隅位还是台阶位,其结果都是导致固相侧面向外生长。这种固相生长方式称为"侧向生长"。侧向生长所形成的固相晶体形状主要取决于固液界面能的各向异性特征。化合物中的一个典型情况是晶体的某个晶面具有远低于其他取向晶面的自由能,如图 3.20 所示。具有这种特征的化合物在凝固时将通过沿平行于低自由能晶面的侧向生长形成片状固体。

由上所述,具有光滑界面的化合物固体在凝固过程中的侧向生长将主要取决于界面上各种台阶和角隅的数量。这些台阶、角隅的产生是由于凝固过程中存在各种局部的和动态的非平衡态,使得凝固界面的原子排列状态偏离理想的光滑界面,例如在凝固过程中由于液体扰动等原因在固体表面形成的一些位错、层错、皱褶等晶体缺陷。以下介绍一些在凝固界面上形成台阶或角隅的典型机制。

如前所述,单个原子落在光滑固相表面(见图 5.12 中的 A 位)是不稳定的,落在 A 位的原子将产生 4 个新的断键,引起系统能量上升而倾向于返回液相。但如果有一大群数量足够多的原子组合成盘片状,则盘片整体进入固相(凝固)所产生的体积自由能的下降就有可能超过盘片四周断键所引起的表面能上升,因此这样的盘片可能在光滑固相表面稳定下来。在这种情况下,盘片的四周自然形成了类似于图 5.12 中 C 位那样的吸纳液相原子的台阶,并通过侧向生长继续长大,如图 5.13 所示。这种情况类似于在光滑固相表面发生的一种特殊的"非均匀形核"过程,因此被称为"表面形核"。

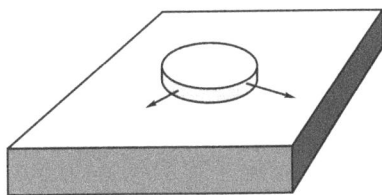

图 5.13 表面形核产生侧向生长的台阶

表面形核实际上是凝固时固相生长过程中的一种机制。但它与一般形核过程类似,也需要一定的过冷度使之获得足够大的体积自由能,以补偿盘片四周断键引起的表面能上升。在表面形核的盘片中,原子排列方式和其所落入的固相完全一致,两者通常不存在晶界(即属于同一颗晶粒),因此这种表面形核所需的过冷度将显著小于一般的形核过程。

在凝固过程中,固相表面的一些晶体缺陷也是产生台阶或角隅的原因。例如,图 5.14(a)所示的一个螺型位错,为凝固过程中液相原子进入固体提供了合适的台阶。在液相原子进入台阶使得固相生长的过程中,这个台阶会绕着位错露头旋转,却不会离开固相表面,因而被称为"螺旋生长"机制。固相表面上的孪晶界,如图 5.14(b)所示,也可为侧向生长提供所需的台阶,这种类型的侧向生长机制称为"孪晶长大"。

在上述三种侧向生长机制中,由表面形核机制决定的侧向生长是一种间断性过程:通过表面形核在一个固相晶体上形成了一个盘片,当这个盘片通过侧向生长向外扩展,达到固相晶体的边缘后,台阶最终消失,由这次表面形核所引发的一个生长过程也就结束了,

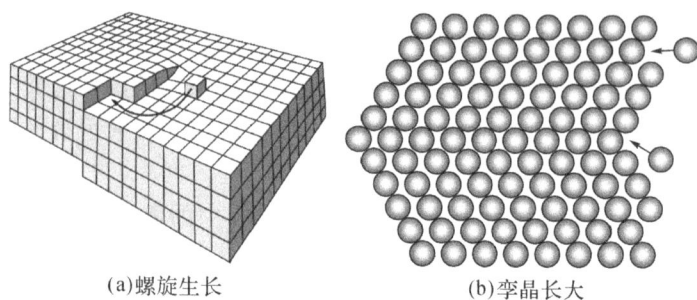

(a)螺旋生长　　　　　　　　(b)孪晶长大

图 5.14　侧向生长中的螺旋生长和孪晶长大

凝固过程的继续进行将有待于下一次表面形核的发生。与之相反,螺旋生长和孪晶长大机制所决定的侧向生长过程是连续的。如果系统的过冷度不太大,在凝固过程中不发生连续的重复形核,则由螺旋生长和孪晶长大机制决定的生长过程可能持续进行,最终形成一些具有特定形貌的晶体组织。

从微观本质上来看,化合物凝固过程就是原子在晶体表面的堆砌过程,因此上述有关化合物凝固过程的基本原理,也可用于理解 CVD 等气相沉积过程和溶剂热合成等化学反应过程中的化合物晶体的生长行为。

例如,Bi_2Te_3 是一种重要的半导体热电材料,具有六方层状晶体结构,Bi 原子层和 Te 原子层在 c 轴方向按"-$Te^{(1)}$-Bi-$Te^{(2)}$-Bi-$Te^{(1)}$-"五个原子层组合为一个单元的方式排列。原子之间主要以共价键结合,但相邻两个 $Te^{(1)}$ 层之间是结合力较弱的范德华键,因此 Bi_2Te_3 晶体具有强烈的各向异性,以 $Te^{(1)}$ 层范德华键为悬空键的(001)晶面具有远低于其他晶面的表面能。因此,这种晶体在化学合成过程中,倾向于通过侧向生长形成如图 5.15 所示的层片状晶体。

图 5.15　水热合成的 Bi_2Te_3 薄片状晶体

在不同条件下,水热(或溶剂热)合成过程中的 Bi_2Te_3 晶体的生长可能受到不同机制的控制,并形成不同的微观形貌。在图 5.16 中给出的三种化学合成 Bi_2Te_3 纳米晶中,根据形貌可以大致推测其侧向生长的机制:(a)是先后不同发生表面形核并经过不同时间侧向生长所形成的台阶状形貌,(b)是一种特殊的螺旋状管壁结构的纳米管,(c)可能是通过孪晶长大方式形成的薄片。

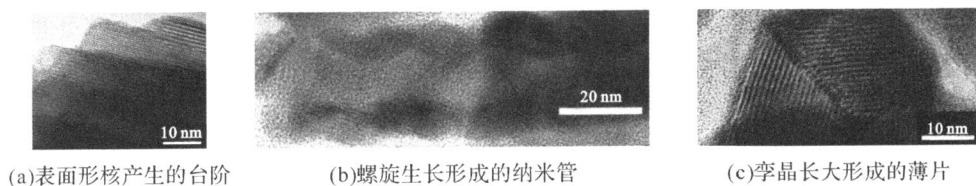

(a)表面形核产生的台阶   (b)螺旋生长形成的纳米管   (c)孪晶长大形成的薄片

图 5.16 根据 Bi_2Te_3 晶体的形貌可以推测合成过程中的侧向生长机制

液体凝固时,固液界面处的温度显然必须低于熔点,虽然固相生长所需要的过冷度远小于形核过冷度。凝固时固液界面处的过冷度也是影响凝固速率的主要因素,此外,原子从液相转移到固相的生长机制也是影响凝固界面向前推进的一个重要因素。

定性分析,对于金属凝固过程中粗糙界面(见图 5.11)的连续生长机制,液相原子进入固相的速率正比于原子从液相到固相跃迁的驱动力,而根据(5.2)式,凝固驱动力正比于界面处的过冷度 ΔT_i(其中下标"i"表示界面),因此连续长大机制控制的凝固速率可表达为:

$$v_{连续生长} = k_1 \Delta T_i \tag{5.16}$$

对于表面形核生长机制,固相长大的速度与液相中形成足够大尺寸盘片并落入固相表面的速率(即表面形核速率)相关。这个过程具有与形核过程类似的热激活特征,凝固速率可写为:

$$v_{表面形核} \propto \exp(-k_2/\Delta T_i) \tag{5.17}$$

螺旋生长速率对过冷度的依赖关系介于连续生长和表面形核两种机制之间,理论分析结果表明螺旋生长速率与过冷度的平方相关,即:

$$v_{螺旋生长} \propto k_3 (\Delta T_i)^2 \tag{5.18}$$

图 5.17 是粗糙界面连续长大机制和光滑界面的螺旋生长、表面形核机制下固相长大速率与界面过冷度关系的示意曲线图。

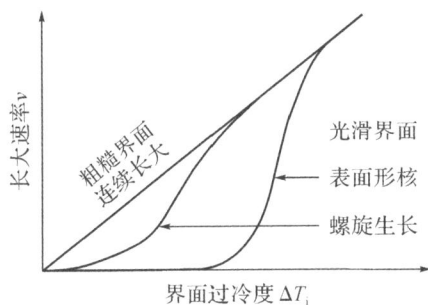

图 5.17 界面过冷度对不同机制控制的凝固长大速率的影响

5.2.3 凝固过程中界面处的热传输

液体在凝固转化为晶态固体的过程中,系统的熵 S 和焓 H 同时降低,其中熵的降低主要表现为原子排列更为规则有序,而焓降低的原因在于凝固结晶消除了原子间的断键。

根据能量守恒原理,凝固时系统熵的降低在宏观上表现为释放凝固潜热。这部分热量将通过界面两侧的固相或者液相向外传输,以维持液固界面的温度不变。

纯金属或稳定化合物(如摩尔比为 1∶1 的 FeSi 金属间化合物,参见图 2.12)等在凝固时不发生元素扩散。这类物质的凝固速率 v 由界面附近的传热速率所控制,其大小可以通过凝固界面附近的能量平衡和传热分析获得:

$$v = \frac{1}{L_{\mathrm{V}}} \left(\kappa^{\mathrm{S}} \frac{\mathrm{d}T^{\mathrm{S}}}{\mathrm{d}y} - \kappa^{\mathrm{L}} \frac{\mathrm{d}T^{\mathrm{L}}}{\mathrm{d}y} \right) \tag{5.19}$$

其中,L_{V} 是单位体积熔化潜热;κ^{S} 和 κ^{L} 分别是固相和液相的热导率;$\mathrm{d}T^{\mathrm{S}}/\mathrm{d}y$ 和 $\mathrm{d}T^{\mathrm{L}}/\mathrm{d}y$ 分别是固相和液相在界面附近的温度梯度。

在大多数情况下,凝固时液相的温度高于固相,如图 5.18(a)所示,此时界面附近的热量将通过固相向外面传递,并使液固界面向液相方向推进。在这种情况下,液固界面将是稳定的,并趋向于维持如图 5.18(b)所示的平直界面。如果由于某种偶然的扰动,使得液固界面的某个局部凝固速度滞后于周围区域,形成如图 5.18(c)所示的局部凹进。由于热传导方向始终与温度梯度方向一致,或者说垂直于等温线(面),由图 5.18(c)可见,又由于从凹进处传向固体的"散热"面积较大,凹进处界面的散热速度将比周围(平直界面)更快,同时从液相中传递到凹进界面处的热量也更少。这使得凹进处的温度迅速下降,凝固速度更快,从而"追上"周围区域,使整个界面恢复为更为稳定的平直界面。同理,如果凝固时的局部扰动在界面处产生一个凸出,则与周围平直界面区域相比,从凸出区域向固相的传热将更慢,而从液相传向凸出区域的热量更多,这使得突出区域的凝固速度更慢,并趋于消失。

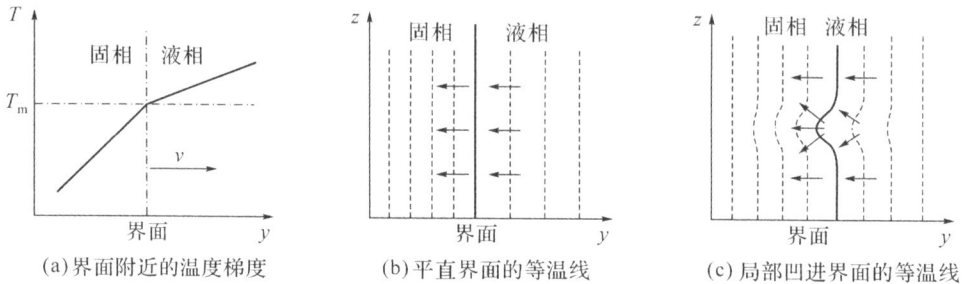

(a)界面附近的温度梯度   (b)平直界面的等温线   (c)局部凹进界面的等温线

图 5.18　液相温度高于熔点时的凝固传热(小箭头表示热流方向)

另外一种情况是过冷液体的凝固,其液固界面附近的温度梯度如图 5.19(a)所示。在这种情况下,过冷液体内部由于缺乏凝固核心而不发生凝固。固体温度略低于熔点并基本一致。在过冷液体中,由于凝固潜热的释放,界面处的温度最高而远处较低。此时,凝固速度仍然服从(5.19)式,这时 $\mathrm{d}T^{\mathrm{S}}/\mathrm{d}y=0$,$\mathrm{d}T^{\mathrm{L}}/\mathrm{d}y<0$,意味着凝固速度取决于凝固潜热从液固界面处向过冷液体内部传递的速度,如图 5.19(b)所示。假设在这种条件下,液固界面处产生了一个小的凸起,如图 5.19(c)所示,则由于和周围区域相比,液固界面凸出部分的热量会更快向外传递,因此突出部分将以比周围固相更快的速度向过冷液体

内部生长形成枝状晶体,并可能进一步在枝干上发展二次枝晶甚至三次枝晶。

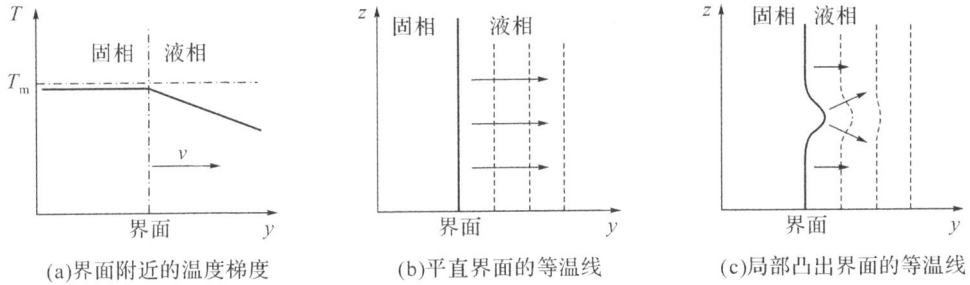

(a)界面附近的温度梯度　　　　(b)平直界面的等温线　　　　(c)局部凸出界面的等温线

图 5.19　过冷液体的凝固传热(小箭头表示热流方向)

这种在特殊温度场下由于局部传热速率差异而形成的枝晶称为"热枝晶"。类似地,在前驱体物质扩散速度较慢的液体中合成化合物时,化合物表面的突出部分由于周围前驱体物质浓度较高而生长较快,从而形成与浓度场和传质速率相关的树枝状晶体。在电沉积过程中,由于电场的影响,沉积金属表面的微小凸起可能也发展为枝晶。以金属锂作为负极的锂电池之所以不能作为可重复充电的二次电池使用,主要原因也是由于电场作用下金属锂表面形成的枝晶可能刺穿隔膜,从而引起正负极之间的短路和电池的发热燃烧甚至爆炸。

回到我们的主题,在凝固过程中最常见的是在合金凝固过程中,由成分过冷引起的、受浓度场和温度场共同影响的树枝晶,这将在后面的 5.3.2 节讨论。

5.3　合金的凝固过程

对于纯金属和直到熔点都稳定的化合物而言,熔体凝固时界面两侧固相和液相中的化学成分是一致的。但更常见的是包含多个组成元素的合金,即使是一些工业用纯金属,也包含一定量的杂质。对合金而言,凝固过程中界面两侧固液两相的成分是不同的,因此需要讨论凝固过程中溶质原子的扩散及其影响。

本节重点讨论合金凝固过程中的界面平衡、温度场和浓度场影响等热力学与动力学基本原理,并将围绕单相固溶体展开分析。本教材不介绍多相系统的凝固过程(如共晶凝固、包晶凝固等),也不讨论与具体工艺技术(如铸造、焊接等)相关的凝固过程。有需要的读者可参阅其他教材。

5.3.1　凝固过程与相图

凝固过程可以认为实际上是发生在固液界面处的,因此界面处的成分和浓度梯度、温度和温度梯度是分析凝固过程的关键参数。合金凝固过程中的界面具有以下三个基本的热力学与动力学特征:

（1）在合金凝固过程中，界面两侧的固相成分和液相成分是不同的。因此，合金凝固过程伴随着原子（分子）的扩散，凝固速度同时受传质和传热过程的影响。通常，合金凝固的速度受传质过程的控制。

（2）在合金凝固过程中，固相和液相在界面处的成分由相图所决定。在二元系中，界面温度等温线与相图固相线和液相线的交点决定了界面处的固相成分和液相成分；在三元系中，由于固液两相平衡时还存在一个多余的自由度，所以固相成分和液相成分之间存在相互关联关系（或平衡关系），并通过两种溶质原子扩散速度的相对大小确定具体成分（参见 6.5.3 节中有关三元系中扩散控制相变的讨论）。

（3）在合金凝固过程中，固液界面处的两相成分平衡是瞬间实现的。凝固过程是一个动力学过程，这意味着凝固过程需要时间。但是界面处的两相成分（或成分关联）是一种由相图确定的热力学平衡关系，因此可以认为界面两侧的成分平衡关系是在界面形成的瞬间实现的。需要注意的是，凝固过程中固液界面是在不断移动的，当界面离开空间某一点后，这一点的成分可能失去平衡而发生变化（扩散），而界面刚刚到达的地方又马上会建立新的平衡关系。

这些特征将在本节以下的讨论中得到体现，同时也适用于固态相变过程。

为了便于讨论，我们假设所讨论的二元合金相图如图 5.20(a) 所示，平均成分为 x_0 的熔体被放在一个细长的容器里，当系统温度降低到 T_1 时，在图 5.20(b) 中的端部①发生凝固（原因可理解为只有在那里存在非均匀形核的条件）。我们同时假设这是一维凝固系统，即在凝固过程中，始终垂直于系统轴向的固液界面从端部①向端部②平面推进。

即使是对于这样一个已经简化了的一维凝固系统，具体的凝固过程也是受多种因素影响的复杂过程。本节以下将讨论三种极端条件下的凝固过程。

● 无限慢的理想化平衡凝固过程

在无限慢条件下，固液两相的成分可以分别通过扩散在整个凝固过程中保持均匀，并随系统温度的下降分别沿相图中的固相线（solidus）和液相线（liquidus）变化。当系统温度降低到 T_1 温度时，如图 5.20(b) 所示，在系统端部①处将首先发生凝固，其固相成分是相图中 T_1 等温线和固相线的交点成分 x_1。此时，由于已经凝固的固相含量很少，所以液相成分仍然维持在原始成分 x_0 基本不变。当系统以"无限慢"的速度降温到 T' 温度时，由图 5.20(a) 可知，固相和液相的成分将分别为 x^S 和 x^L。此时系统中的成分分布如图 5.20(c) 和(d) 所示，其中固相所占的比例由杠杆定律确定，当忽略液固两相 V_m 差异时，也可由图 5.20(d) 中界面两侧的两块矩形阴影面积相等而确定。

如果此时系统温度不再降低，则凝固过程将（暂时）中止；反之，则固液界面将继续随温度降低向液相方向推进，同时固液两相的成分将分别沿图 5.20(a) 中的固相线和液相线继续向下移动。当系统温度降低到 T_2 时，平衡凝固过程结束，系统中液相完全消失，固相成分为 x_0（系统平均成分）。

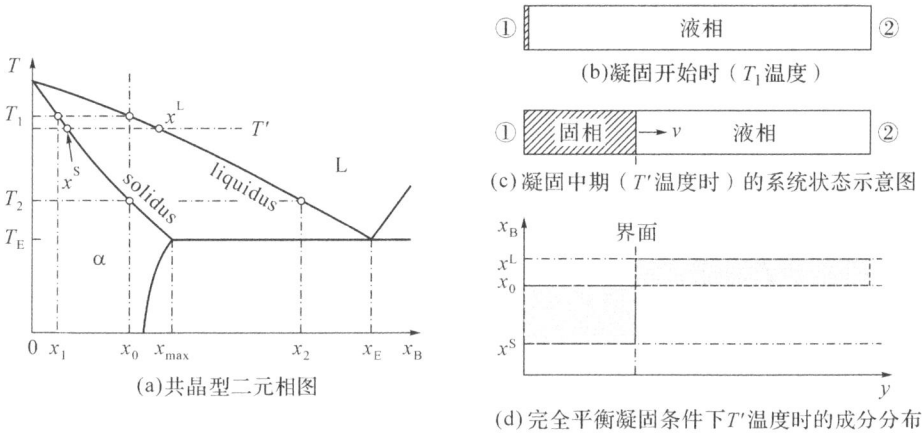

(a)共晶型二元相图

(b)凝固开始时（T_1温度）

(c)凝固中期（T'温度时）的系统状态示意图

(d)完全平衡凝固条件下T'温度时的成分分布

图 5.20　二元合金平衡凝固过程

显然，平衡凝固是一个非常"理想化"的过程。这样一个过程，完全依赖于系统中的扩散速度，而固体中的原子扩散速度实际上是非常缓慢的，例如大部分金属在熔点附近固相中的自扩散系数在 10^{-11} m²/s 量级或以下，同时在凝固过程中，固液界面处与早先凝固的固相远端之间的浓度差很小，所以在凝固过程中固相中的成分均匀化是一个非常缓慢的过程。在一个以小时计算的实际凝固时间中，扩散对固相中的成分分布影响几乎可以忽略。因此，我们进一步考虑以下这种情况。

● 固相无扩散而液相完全混合的凝固过程

在这种假设条件下，我们完全忽略固相中的扩散，但同时认为液相中的成分是完全均匀的。后者可以假设在凝固过程中通过对液体的有效搅拌来实现。在这种凝固条件下，固液界面处的固相和液相成分也由相图的固相线和液相线确定，但与前面的第一种情况不同的是，在系统的每个局部，凝固后的固相成分不再发生变化。这意味着，当温度刚刚下降到图 5.20(a)中的 T_1 时，最早凝固的那部分固体将始终保持成分 x_1，而后续凝固的局部固体成分将随凝固温度的下降而变化。例如，在 T' 温度时凝固的那部分固体成分（即固液界面处的固相成分）为 x^s，而完全混合均匀的液相成分为 x^L。此时系统中的成分分布曲线如图 5.21(b)所示。从最先凝固处（$y=0$）对应于 T_1 温度固相线的 x_1，逐步提高到对应于 T' 温度的 x^s。

在这里，我们需要理解以下几点：

（1）从具有普遍性的相变原理角度考虑，在凝固过程中界面处的固液两相成分始终保持相互平衡，并取决于确定温度下相图中的固相线和液相线成分。因此，如图 5.21 所示，在 T' 温度时，界面处的固相成分 x^s 和液相成分 x^L 都是确定的值，这与具体的系统成分如何，是否考虑固相中的扩散以及液体中是否有搅拌等都无关。界面处固液两相成分的比值 $k=x^s/x^L$ 称为分配系数。

（2）对于如图 5.21 所示类型的相图，可以看到，在给定温度下的固相线溶质浓度都

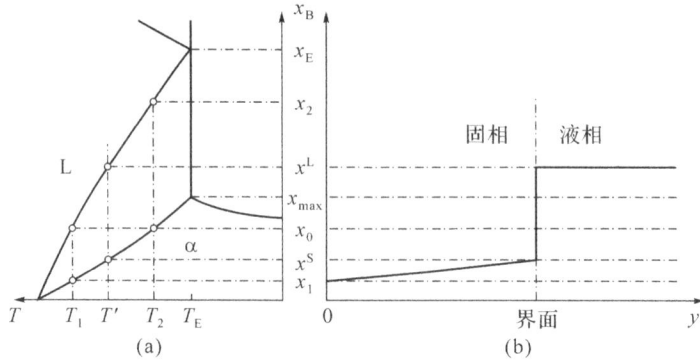

图 5.21　固相无扩散但液相完全混合条件下 T' 温度时的成分分布

低于液相线,因此当固液界面向液相中推进时,溶质原子将被"排斥"到液相中,从而使得液相溶质元素浓度不断提高。

(3) 但是,溶质原子被排斥到液相中并不会导致液相成分超越确定温度下的液相线成分[例如,图 5.21(b)所示的 T' 温度时的 x^L],因为对于相图如图 5.21 所示的合金,溶质浓度高于液相线的液体将不会继续发生凝固,除非温度进一步降低。

上述讨论表明,在固相无扩散但液相完全混合条件下的凝固过程中,界面始终处于一种平衡状态中:界面处的两相成分 x^S 和 x^L 相互平衡,并受制于界面温度 T'。当温度降低时,这种界面平衡状态被破坏,固液界面继续向前推进,液相中溶质浓度继续提高,并在新的温度下与界面处的固相成分之间实现新的平衡,从而使凝固过程得以继续进行。

如果系统的温度 T' 下降 dT,使得固相体积分数从 f^S 增加到 $f^S + df^S$,则将有 $(x^L - x^S)V df^S/V_m^S$ 摩尔溶质排出到液体中,其中 V 是系统总体积,V_m^S 是固相的摩尔体积。在这个过程中,体积为 $(1-f^S)V$ 的液相的浓度(摩尔分数)相应增加了 dx^L,或者说液相中溶质含量增加了 $(1-f^S)V dx^L/V_m^L$ 摩尔,其中 V_m^L 是液相的摩尔体积。根据溶质总量不变的原理,并忽略固相和液相的摩尔体积之间的差异,可以建立关系:

$$(x^L - x^S)df^S = (1-f^S)dx^L \tag{5.20}$$

作为一种近似分析,可以把如图 5.21 所示相图中的固相线和液相线都看作直线,即认为分配系数 k 是与成分无关的常数,$x^S = kx^L$,因此(5.20)式可改写为:

$$\frac{df^S}{1-f^S} = \frac{dx^L}{(1-k)x^L}$$

根据初始条件(参加图 5.21):当 $x^L = x_0$ 时,$f^S = 0$,对这个式子积分,整理后可以得到两个等价的方程:

$$\begin{cases} x^S = kx_0(1-f^S)^{k-1} \\ x^L = x_0(f^L)^{k-1} \end{cases} \tag{5.21}$$

这被称为 Scheil 方程,其中 $f^L = (1-f^S)$ 是液相的体积分数。在上述假设条件下,(5.21)式确定了如图 5.21 所示的非平衡态凝固时的固液界面两侧的浓度,所以也被称为"非平衡态杠杆定律"。但我们在这里必须指出,一个过程的平衡态只有一种,但非平衡态可以有许多种,(5.21)式虽然被称为非平衡态杠杆定律,但实际上它只适用于如图 5.21 所示的那种特定的非平衡态凝固过程,或者说只适用于固相无扩散而液相完全混合均匀的凝固过程。

在大多数金属中,添加合金元素会降低熔点,表现在相图上是液相线向下倾斜。在这些情况下,分配系数 $k<1$。从(5.21)式可以看到,由于 $(k-1)<0$,当凝固后期 $f^L \rightarrow 0$ 时,即使 x_0 很小,x^L 都将很大。这一结论的物理意义在于:对于共晶型合金体系,在固体扩散可以忽略而液相充分混合的前提下,即使合金中的溶质元素含量很低,最终残存的液体成分也能达到共晶成分。关于这个结论,还可以有进一步的分析和发散性的讨论,例如本章后面的思考题 2。

图 5.22 是在忽略固相扩散、液相充分混合的假设条件下,共晶型合金凝固过程刚结束时的成分分布示意图,其中系统的总长度被定义为 1。最早凝固的固相成分是 kx_0,随着液相中溶质的富集,凝固温度逐渐降低,凝固的固相成分逐渐提高。当最后液相成分接近共晶成分 x_E 时,凝固温度相应降低到接近共晶温度 T_E,此时凝固的固相成分接近 α 相的最大固溶度 x_{max}。此后,剩余的成分为 x_E 的残留液体,将发生共晶凝固。注意,在图 5.22(b)的成分分布曲线中,共晶组织的成分是用平均成分表达的。这个共晶组织包含两个相,其中一个相就是成分为 x_{max} 的 α 相,另一个是在图 5.22 中没有标注的溶质含量更高的相。与 α 相随系统温度下降和固液界面推进逐步凝固的方式不同,共晶凝固是在恒定温度下完成的,其平均成分与凝固先后次序无关,所以在图 5.22 中被表达为随距离 y 不变的水平线。

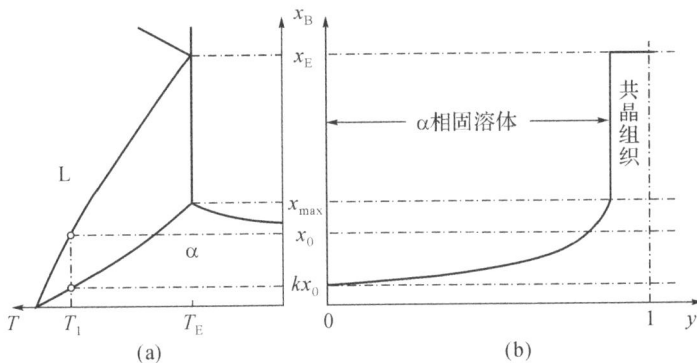

图 5.22　固相无扩散但液相完全混合条件下凝固完成后的成分分布

● 固相无扩散而液相仅依赖扩散混合的凝固过程

在最后一种凝固过程简化模型中,我们同样忽略固体中的扩散,但同时也不通过搅拌维持液相成分均匀,而假设液相中的溶质原子仅通过扩散传输。这种假设具有其合理性,因为原子在液体中的扩散速度一般比固体中高至少两个数量级。

在这种条件下,凝固过程可以分为初始降温凝固、稳态等温凝固和末端共晶凝固等三个阶段。为了便于讨论,我们假设这个一维凝固系统是一个平均成分为 x_0,分配系数 k 为常数的共晶型二元合金,其局部相图如图 5.23(a)所示。

当系统温度降低到 T_1 温度时,在 $y=0$ 处将首先凝固产生溶质浓度为 kx_0 的固相,同时将多余的溶质原子排斥到凝固前沿的液相中。随着系统温度的逐步降低,凝固过程继续进行,固相逐步长大,并将更多的溶质原子排斥到液相中。由于溶质原子在液相的混合仅依赖于扩散,所以在凝固前沿的液相中逐步形成了一个溶质原子富集区,如图 5.23(b)所示。这个富集区的宽度与溶质原子在液相中的扩散系数 D 成正比,与固液界面的推进速度(凝固速度)v 成反比。由于此阶段的凝固速度和系统温度的下降速度有关,因此称为"初始降温凝固阶段"。这个阶段的主要结果是在凝固前沿形成了一个溶质原子富集区。

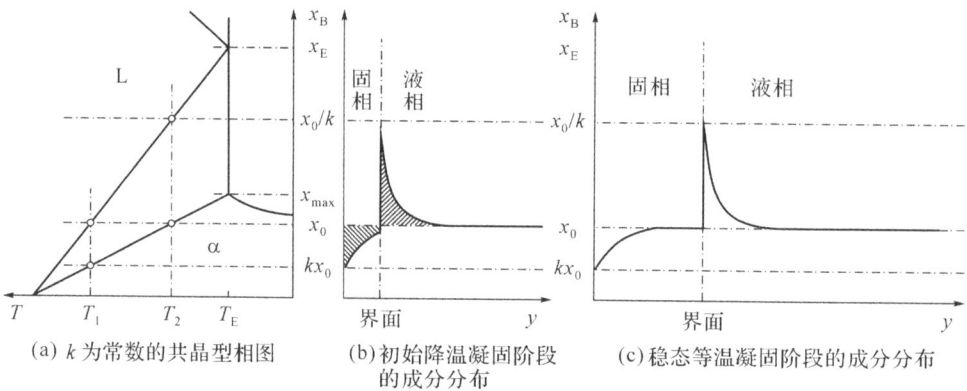

图 5.23 固相无扩散、液相扩散混合凝固过程

随着凝固过程的进行,凝固前沿溶质原子的富集程度逐步增加。当固液界面处液相成分达到 x_0/k 时,根据相图,与之平衡的界面处固相成分等于系统平均成分 x_0。这意味着,此后液固界面继续向前推进,不会继续提高界面前方液相中的溶质原子富集程度,因此凝固过程的继续进行将不依赖于系统降温,而是可以在对应于系统原始平均成分 x_0 的固相线温度 T_2 下继续凝固。此时,系统进入了第二个阶段。这个阶段具有稳态和等温两个显著特征,因此称为"稳态等温凝固阶段"。

这个阶段的凝固速度取决于液相中的溶质原子扩散速度。如果假设这个一维凝固系统的截面积为 A。在 dt 时间内如果固液界面向前推进了 dy 距离,则向液相排斥的溶质原子数为:$[(x_0/k)-x_0]Ady/V_m^S$。与此同时,dt 时间内液相中从界面处向远处扩散的溶质原子数为:$-AD(dx/dy)dt/V_m^L$。根据传质平衡关系,并忽略固相和液相的摩尔体积差异,可得到固液界面推进速度:

$$v=dy/dt=(1-1/k)x_0Ddx/dy \tag{5.22}$$

我们注意到(5.22)右边都是与时间无关的参量。这意味着在稳态等温凝固阶段,凝固前沿是恒速推进的。这与我们在前面 4.3.5 节中讨论菲克第二定律指数函数解时使用的例子(见图 4.20)是类似的,因此根据(4.42)式,图 5.23(c)中的液相成分分布函数可以写为:

$$x = x_0 + \left(\frac{x_0}{k} - x_0\right)\exp\left[-\frac{v}{D}(y - l_0 - vt)\right] \tag{5.23}$$

进一步简化,我们可以把(5.23)式中的距离变量 y 分解为两部分之和:$y = y_i + y_t$,其中 y_i 是液相中某一点和固液界面之间的距离,y_t 是固液界面的位置。由于固液界面是以恒定的速度 v 移动的,所以 $y_t - l_0 - vt$ 是一个与时间无关的常量。这样,(5.23)式可以改写为:

$$x = x_0 - (1 - 1/k)x_0 A\exp(-vy_i/D)$$

其中,A 是一个常量。根据边界条件:当 $y_i = 0$ 时,$x = x_0/k$,可以得到 $A = 1$。这样我们获得在固相无扩散而液相扩散混合的条件下,稳态等温凝固阶段中,相对于固液界面的液相成分分布公式为:

$$x = x_0 - (1 - 1/k)x_0\exp(-vy_i/D) \tag{5.24}$$

当固液界面逐步推进到接近系统末端时,凝固前沿液相中富集的溶质原子将不能继续向远处扩散,从而导致界面附近液相中溶质浓度上升,凝固过程进入最后一个阶段。此时,由于液相浓度的上升,使得发生凝固的温度下降,所以这个阶段的凝固过程推进也需要系统温度的下降。同时,由于这个阶段凝固的固体中溶质浓度也低于界面前方液相中的浓度,所以系统末端液相中溶质原子的持续富集,总会达到对应于最低凝固温度的共晶成分,并最终以共晶凝固的方式结束整个凝固过程。所以,这个阶段称为"末端共晶凝固阶段"。

图 5.24 给出了一个假象的共晶型二元合金在固相无扩散、液相仅通过扩散混合的假设条件下,凝固结束后的成分分布曲线。

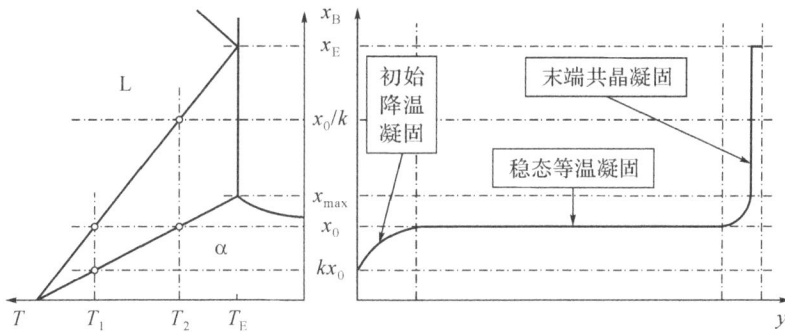

图 5.24　固相无扩散液相扩散混合条件下凝固结束后的成分分布

上面我们介绍了两类忽略固相扩散的凝固过程。实际凝固过程通常既不是液相完全混合均匀,也不是仅仅依赖液相中的扩散,而是介于这两类特殊情况之间,例如液相中除了扩散以外还存在一定程度的对流。凝固后的成分分布曲线也介于图 5.22 和图 5.24 之间,主要特征是(在 $k < 1$ 情况下)系统中的合金元素(或杂质元素)被驱赶到最后凝固的地方。例如在铸锭凝固后,最后凝固的中心部位通常杂质含量较高。另外,在通过熔融凝固方法制备的材料微观组织中,晶界处的杂质浓度通常也高于晶粒内部,其原因除了在 3.2.1 节中(参见图 3.4)提到的晶界效应以外,还包括凝固过程本身特点引起的溶质元素富集到稍后形成的晶界处。这两者之间的差异在于晶界效应是一种热力学平衡的溶质元

素分布不均匀现象,而非平衡态凝固过程造成晶界溶质元素富集在热力学上是不稳定的。后者在理论上可以通过均匀化退火予以消除,虽然通常需要非常长的时间。

区熔提纯是一种有效利用凝固时杂质元素在固液两相中分布不同这一特征的典型例子。图 5.25 是一个区熔提纯装置的示意图。需要提纯的金属棒被封装在不会与其发生反应的石英玻璃管(或陶瓷管、难熔金属管等)内,当加热圈从一端向另一端移动时,金属棒中的熔化区随之移动,并在加热圈后部发生凝固。当 $k<1$ 时,由于加热圈后部已凝固区的杂质浓度将低于熔化区,从而使得一部分杂质原子被驱赶到金属棒的尾部。通过多次重复这个局部区域熔化-凝固的过程,可以使金属棒中前端的杂质元素浓度越来越低,从而实现金属的提纯。

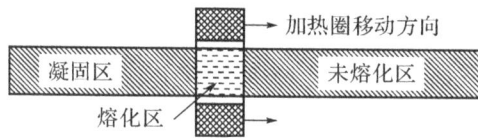

图 5.25　区熔提纯装置

5.3.2　合金凝固时的成分过冷

在上节的讨论中,我们都假设固液界面是一个平面。但实际上,如同我们在 5.2.3 节中曾经提到的,凝固界面上可能存在各种扰动,尤其是在液相内存在过冷的情况下,这种局部的扰动将破坏凝固界面的平面推进模式,并形成树枝晶等凝固组织。

在许多相图中(最典型的是共晶合金相图),我们可以发现有这样一个特征:随着溶质含量的增加,相图上的液相线温度呈逐步下降趋势。在完成形核以后的凝固过程中,相图上某成分的液相线温度实际上就是对应于该成分液体的凝固温度。由图 5.23(c)可见,界面处液相中的溶质浓度高于离开界面一段距离的液相中的溶质浓度。这意味着,在界面处对应于较高溶质浓度的液体的凝固温度会比较低,而界面前方溶质浓度较低液体在较高的温度下就可能发生凝固。在凝固过程中,界面处的实际温度大致就是其液相线温度。但在距离界面一段距离的液体中,如果实际温度低于对应于其溶质浓度的液相线温度,则实际上已经处于过冷状态。这种实际温度可能高于液固界面温度,但由于成分差异(溶质浓度低于界面处)而形成的过冷状态,称为"成分过冷"。

通过图 5.26,可以进一步理解成分过冷的产生原因。在图 5.26 中,除了前面讨论固相无扩散、液相通过扩散混合的凝固过程时使用的共晶型相图局部和成分分布曲线以外,我们还在右侧添加了一个额外的温度坐标轴,其中 T_1 和 T_2 就是相图中对应于系统平均成分 x_0 的液相线温度和固相线温度。对于固液界面前方液体成分分布曲线上的任意一点 A(距离在 y_A 处,成分为 x_A),通过画水平线相交于相图上的液相线,可以确定对应于 x_A 成分的凝固温度 T_A,然后利用右侧的温度坐标,可以在距离-温度坐标系中标注 y_A 处的凝固温度点 B(即对应于 x_A 成分的液相线温度)。

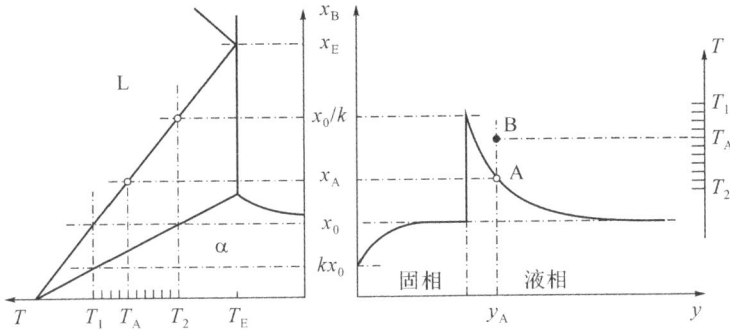

图 5.26　凝固前沿液体中的成分分布和对应液相线温度关系

　　类似地,我们可以根据凝固前沿液体中的成分分布曲线,确定不同 y 处对应于不同液体成分的液相线温度,结果如图 5.27 的 y-T 坐标系中的粗虚线所示。同时,我们假设此时液体中的实际温度分布具有正温度梯度,并再用细实线画在图 5.27 的 y-T 坐标系中。这时我们可以清晰地看到,尽管液体内部的实际温度高于固液界面的温度,但在凝固前沿液体中存在一个区域,那里的实际温度低于对应于局部液体成分的液相线温度。这种由于液相成分差异而造成的过冷状态,称为“成分过冷”(constitutional supercooling)。

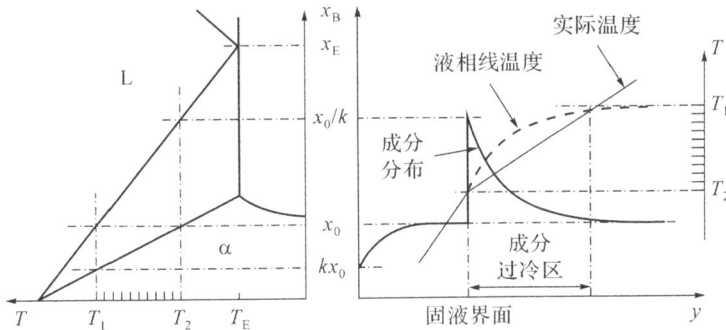

图 5.27　成分过冷

　　当成分过冷不是很大时,在成分过冷区可能不会发生独立的形核与凝固。但是与由于负温度梯度造成的过冷(见图 5.19)类似,在存在成分过冷的情况下,如果凝固界面上的局部扰动产生某个局部凸出,则如图 5.28(a)所示,由于凸出部前端的溶质浓度低于平直界面附近,因此凸出部前端的液体存在成分过冷 ΔT,使得凸出部能够以更快的速度生长,发展成为柱状晶。在柱状晶的凝固生长过程中,多余的溶质原子不仅向凝固前方(y 轴正向)排斥,而且也会向柱状晶的四周排斥[如图 5.28(a)小箭头所指]。这使得柱状晶的根部附近产生溶质原子富集,降低了根部附近区域液体的液相线温度,从而使根部附近区域的凝固滞后于周围区域。这样就会形成如图 5.28(b)所示的,由一些准周期柱状晶和凹槽构成的凝固界面。

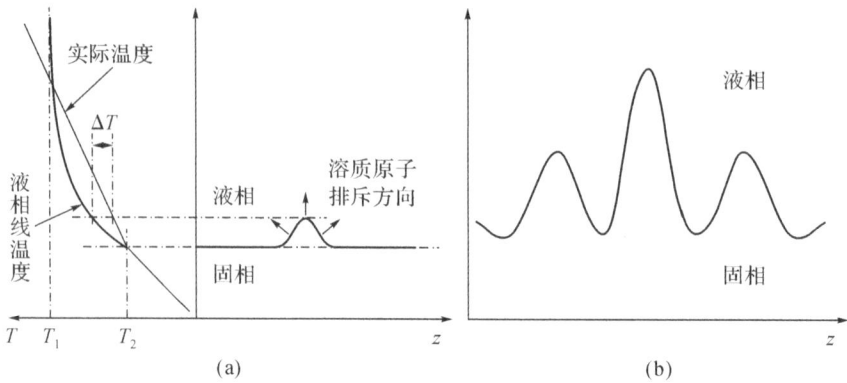

图 5.28　成分过冷造成胞状晶（柱状晶）生长（其中 y 和 z 都是距离坐标）

在柱状晶凝固生长的过程中，排出到柱状晶周围凹槽处的溶质原子受到扩散空间的限制而逐渐富集，并可能达到共晶成分。这使得凹槽处的凝固过程趋于停滞，直到局部温度降低到共晶温度时才发生共晶凝固，如图 5.29 所示。从凹槽根部到液相远处（见图 5.29 中的 A-A′），液体中溶质浓度从共晶成分 x_E 逐渐降低到 x_0。由于柱状晶前方液体中的溶质浓度明显低于凹槽处，所以柱状晶的生长速度将大于凹槽处的共晶凝固速度，从而使柱状晶越来越长，直到系统中的温度分布与生长速度达成平衡。如果此时将凝固过程中止（例如将尚未凝固的液体倒掉），在垂直于 y 轴的截面上，将呈现如图 5.30(a) 所示的胞状结构，所以柱状晶也称为胞状晶。另外，如果优先生长的柱状晶互相之间的间隔较远，则在柱状晶的侧面，同样可能产生沿图 5.29 中的 z 轴方向的成分过冷。在这种情况下，柱状晶侧向界面上偶尔产生的凸出也将由于 z 方向的成分过冷而优先生长，从而形成如图 5.30(b) 所示的二次枝晶，甚至三次枝晶。这种微观组织一般称为树枝晶。

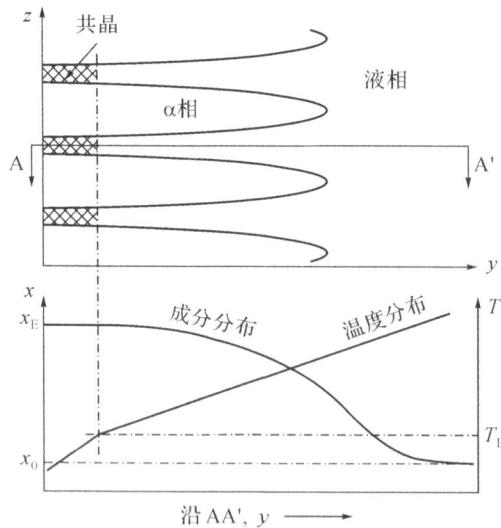

图 5.29　成分过冷造成柱状晶生长和局部共晶凝固

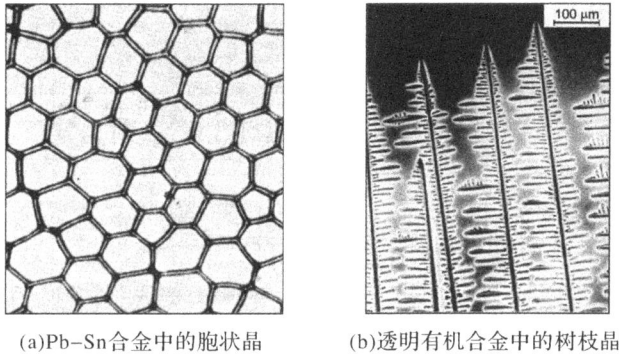

(a)Pb–Sn合金中的胞状晶　　　(b)透明有机合金中的树枝晶

图 5.30　胞状晶和树枝晶

5.4　思考题

1. 形核速率表达式(5.14)的推导过程使用了一些假设,其中有些从热力学、动力学原理上讲可能是不严格的。请指出其中的问题,并进行分析讨论。

2. 在关于图 5.21 的讨论中,我们得到如下结论:对于共晶型合金体系,在固体扩散可以忽略而液相充分混合的前提下,即使合金中的溶质元素含量很低,最终残存的液体成分也能达到共晶成分。请问:

(1) 在该结论的前提条件中,"液相充分混合"是否必需?

(2) 最终残存的液体成分是否可能超越共晶成分,为什么?

3. 纯金属凝固时的形核过程通常需要较大的过冷度,但纯金属熔化时却很少提到"过热度"这个概念,为什么?

4. 亚共晶合金凝固时,通常会形成树枝状组织。请问:形成这些树枝状组织的原因和机制是什么? 这些树枝和树枝之间分别是什么微观组织和成分特征?

5. 对第 1.1.1 节的图 1.1 中关于过冷锡凝固的问题,如果你拥有充分的手段,可以控制其凝固过程,则沿图 1.1 中不同路线到达终态后的微观组织有何差异?

6. 有关凝固过程的一些晶体生长特征也可能反映在某些通过化学反应(如水热、溶剂热等)形成晶体的过程中。在这些化学合成过程中,微区温度几乎完全一致,从而传热影响可以忽略。但实验发现,通过溶剂热合成的某些化合物也具有树枝状结构。请问:其形成的原因和机制是什么?

7. 请阐述你对形核过程中成分起伏、结构起伏和能量起伏的理解(不是名词解释和概念描述)。

第6章

扩散控制固态相变

固态相变分为扩散型相变和无扩散型相变两类。无扩散型相变是指扩散过程中原子移动距离小于一个原子间距,其中最著名的就是钢中的马氏体相变。本书将不涉及马氏体相变,而仅限于扩散型相变,并重点讨论由于温度变化造成母相溶质元素过饱和以后发生的,涉及原子长程扩散的沉淀析出(precipitation)过程。

在扩散型相变过程中,溶质元素在母相和新相中含量不同,需要通过扩散实现溶质元素的再分配。由于固相中原子扩散速度缓慢,因此这类相变过程的进行主要受扩散速度的控制。

6.1 固相中的形核

6.1.1 固相形核过程中的自由能变化

考虑如图 6.1 所示 A-B 二元体系中,一个成分为 x_0 并在 T_0 温度已完成 α 相均匀化处理的合金。当系统降低到 T_1 温度时,相对于成分为 x_0 的固溶体的最低平衡温度 T_e,已处于过冷状态,过冷度为 ΔT。或者说,x_0 成分的固溶体已经超过 T_1 温度时 α 相的平衡固溶度 x_e,处于过饱和状态,过饱和度为 Δx。这时,固溶体中将沉淀析出富 B 的 β 相。与凝固过程类似,沉淀析出也需要一个 β 相的形核过程。

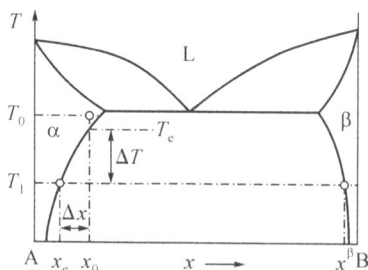

图 6.1 降温后固溶体的过饱和

固态相变过程中的形核与凝固形核的相似之处,在于形成新的界面所引起的自由能上升,而主要的差异是由于新相和母相之间摩尔体积可能不同而产生的"失配应变能"。此外,固态相变的形核通常是非均匀形核,而且形成的晶核也常常不是球形。

　　假设在过饱和的 α 相中形成了一个体积为 V, 表面积为 A 的 β 相核心, 所引起的自由能变化将包括: 体积自由能的降低($-V\Delta G_V$)、新增的界面自由能($+A\gamma$)、新增的失配应变能($+V\Delta G_S$)等。

　　● 体积自由能的降低($-V\Delta G_V$)

　　形核时体积自由能的降低, 来源于系统从过饱和的 α 相中形成了热力学更稳定的 β 相。如图 6.2 所示, 作 α 相自由能曲线 G^α 和 β 相自由能曲线 G^β 的公切线 T_{co}, 在系统平均成分 x_0 处, α 相自由能曲线 G^α 和公切线 T_{co} 之间的距离就是当系统在 T_1 温度完成沉淀析出过程后所降低的摩尔自由能 ΔG_0。但在沉淀析出过程的形核阶段, 母相(α 相)的状态几乎没有变化, β 相的形核驱动力可以采用类似于凝固形核驱动力的分析方法获得(参见 5.1.2 节)。

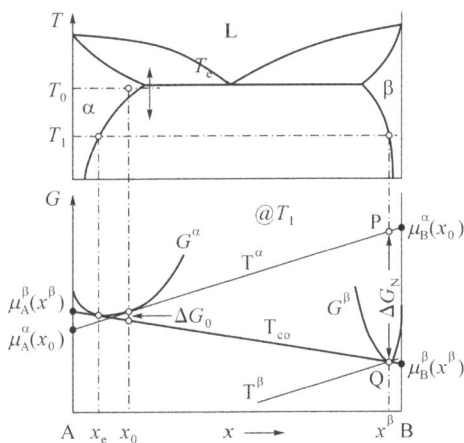

图 6.2　过饱和 α 相中形成 β 相核心时的自由能分析

　　在图 6.2 中, 作母相自由能曲线 G^α 在 x_0 处的切线 T^α。我们知道, 切线 T^α 在两个纯组元坐标轴上的交点分别是 T_1 温度时组元 A 和 B 在成分为 x_0 的过饱和 α 相中的化学位 $\mu_A^\alpha(x_0)$ 和 $\mu_B^\alpha(x_0)$。如果我们从系统中分割出 1 摩尔成分为 x^β 的物质, 并假设系统物质总量非常大, 足以保持母相成分 x_0 和系统总的自由能不变, 则根据化学位的定义, 这部分物质的摩尔自由能为:

$$G_P = \mu_A^\alpha(x_0) \cdot (1-x^\beta) + \mu_B^\alpha(x_0) \cdot x^\beta \tag{6.1}$$

　　在图 6.2 中, 通过简单几何分析就可以看到, 由(6.1)式给出的 G_P 就是切线 T^α 和 x^β 成分线交点 P 的高度。

　　我们再在 β 相自由能曲线 G^β 上作一条与 T^α 平行的切线 T^β, 并假设 β 相的固溶度区间比较狭窄时, 从而其自由能曲线 G^β 随成分的变化非常陡峭, 则切线 T^β 在 G^β 上的切点可以近似认为和公切线 T_{co} 在 G^β 上的切点重叠, 对应的成分点也在 x^β。由于公切线 T_{co} 在两个组元坐标轴上的交点分别是组元 A 和 B 在成分为 x^β 的 β 相中的化学位 $\mu_A^\beta(x^\beta)$ 和

$\mu_B^\beta(x^\beta)$[①]，所以类似于(6.1)式，1 摩尔成分为 x^β、晶体结构为 β 相的物质的自由能（相当于图 6.2 中的 Q 点）为：

$$G_Q = \mu_A^\beta(x^\beta) \cdot (1-x^\beta) + \mu_B^\beta(x^\beta) \cdot x^\beta \tag{6.2}$$

G_P 和 G_Q 之差就是 T_1 温度时从过饱和 α 相中形成 1 摩尔成分为 x^β 的 β 相核心的自由能变化量，即图 6.2 中 P、Q 两点距离 ΔG_N。习惯上，我们用自由能的降低表示形核驱动力，因此：

$$\Delta G_N = G_P - G_Q$$

如果 β 相的摩尔体积是 V_m^β，则形核时的单位体积自由能下降为：

$$\Delta G_V = \Delta G_N / V_m^\beta \tag{6.3}$$

在均匀形核过程中，体积自由能 ΔG_V 是唯一导致系统自由能降低的因素。对给定的合金体系，ΔG_V 近似正比于过饱和度 Δx，随系统过冷度 ΔT 的增加而增加（见图 6.1）。

● 新增的界面自由能（$+A\gamma$）

形成 β 相核心后产生了新增的 α-β 界面。在固态相变中，不同界面的自由能可能相差很大，如孪晶界和共格晶界的自由能可能远远低于普通大角度晶界（参见 3.2.2 节）。因此，形成 β 相核心新增的单位面积自由能 γ 应该是所有界面自由能的加权平均：

$$\gamma = (\sum A_i \gamma_i)/A \tag{6.4}$$

其中，A_i 和 γ_i 分别表示第 i 种界面的面积和单位面积自由能；A 是总的界面面积。

● 新增的失配应变能（$+V\Delta G_S$）

在一个相变过程中，新旧两相的摩尔体积通常是有差异的。在 5.1 节讨论凝固形核问题时，由于母相是流体，所以这种摩尔体积差异不会在凝固形核时产生额外的应变能。但在固态相变中，新旧两相之间的摩尔体积差异将产生局部的压应力（新相摩尔体积较大时）或者拉应力（新相摩尔体积较小时），由此将新增体积失配应变能 $V\Delta G_S$，其中 ΔG_S 是形成单位体积 β 相所产生的失配应变能。

失配应变能主要与母相的切变模量 μ、体积错配度 $\Delta(\Delta = \Delta V/V)$ 和晶核形状特征有关。如果切变模量 μ 可以近似认为与晶体取向无关，则失配应变能可表达为：

$$\Delta G_S = (2/3)\mu\Delta^2 f(c/a) \tag{6.5}$$

其中，$f(c/a)$ 是晶核形状参数，对于具有轴对称特征（如圆盘、椭球、圆柱状等）的晶核，其形状参数如图 6.3 所示。可见，仅就体积失配应变能而言，薄片盘状型是最有利的形状，而球形颗粒引起的失配应变能最高。但由于晶核的形状还同时影响界面能，因此实际形状将取决于以下条件：

$$(\sum A_i \gamma_i + V\Delta G_S) \rightarrow \min \tag{6.6}$$

综合(6.3)式、(6.4)式和(6.5)式，形成单位体积 β 相核心时的系统自由能下降量（总的形核驱动力）为：

---

① 当然也是在成分为 x_e 的平衡 α 相中的化学位 $\mu_A^\alpha(x_0)$ 和 $\mu_B^\alpha(x_0)$。

$$\Delta G = -V(\Delta G_V - \Delta G_S) + A\gamma \tag{6.7}$$

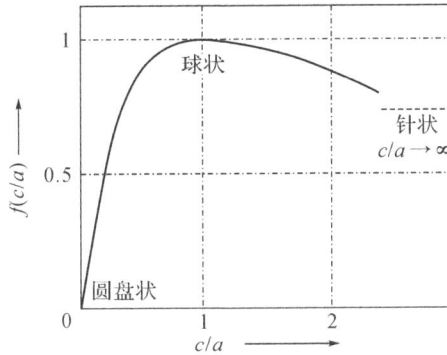

图 6.3　轴对称晶核的形状参数

6.1.2　临界晶核半径与形核势垒

根据上面的分析,即使在均匀形核条件下,由(6.7)式给出的形核自由能下降量 ΔG 还与晶核的几何形状、不同界面自由能等与具体系统相关的参数有关。为了获得某种普适的表达,我们只能进一步把问题简单化处理。假设晶核是球形(半径用 r 表示),并且不考虑不同界面的单位自由能差异。这样(6.7)式可改写为:

$$\Delta G = -\frac{4}{3}\pi r^3(\Delta G_V - \Delta G_S) + 4\pi r^2 \gamma \tag{6.8}$$

图 6.4 给出了均匀形核条件下,一个球形晶核形成时的体积自由能($-V\Delta G_V$)、界面自由能 $A\gamma$ 、失配应变能 $V\Delta G_S$ 和总的形核自由能 ΔG 与晶核半径 r 的关系。通过对(6.8)式求关于 r 的微分并令其等于零,可以得到临界晶核半径 r^* 和临界形核自由能(或形核势垒) ΔG^* :

$$r^* = \frac{2\gamma}{\Delta G_V - \Delta G_S} \tag{6.9}$$

$$\Delta G^* = \frac{16\pi\gamma^3}{3(\Delta G_V - \Delta G_S)^2} \tag{6.10}$$

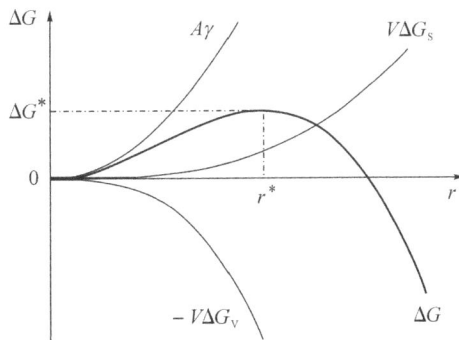

图 6.4　均匀形核条件下球形晶核形核自由能与晶核半径的关系

上述结果和凝固形核过程非常相似(参见 5.1.1 节),但在固态相变形核过程中由于存在失配应变能,增大了形核的阻力,或者说减小了实际有效的形核驱动力,从而提高了临界形核半径 r^* 和形核势垒 ΔG^*。

6.1.3 形核速率

固态相变的形核速率表达式与 5.1.4 节中凝固过程的形核速率

$$N = f_0 C_0 \exp\left(-\frac{\Delta G^*}{kT}\right) \tag{5.14}$$

相同。其中,C_0 是单位体积中的原子数;f_0 是半径 r^* 的晶核能从母相中获得一个原子的概率。f_0 与晶核的表面积、原子扩散速率有关:

$$f_0 = \omega \exp[-\Delta G_m/(kT)]$$

其中,ΔG_m 是原子迁移激活能;ω 是一个与原子振动频率和晶核表面积相关,但与温度关系不显著的因子。这样,均匀形核速率可表达为:

$$N_{hom} = \omega C_0 \exp\left(-\frac{\Delta G_m}{kT}\right) \exp\left(-\frac{\Delta G^*}{kT}\right) \tag{6.11}$$

上式右边的两个指数项都与温度相关,可以分别理解为影响形核速率的动力学函数 N_K 和热力学函数 N_T:

$$N_K = \exp\left(-\frac{\Delta G_m}{kT}\right), \qquad N_T = \exp\left(-\frac{\Delta G^*}{kT}\right) \tag{6.12}$$

通过图 6.5,可以更清晰理解各种因素对固态相变形核速率的影响。对如图 6.5(a)所示的合金 x_0,由于固态相变形核时存在失配应变能 ΔG_S,有效形核驱动力将从原来的 ΔG_V 降低到($\Delta G_V - \Delta G_S$),如图 6.5(b)所示。为了抵消 ΔG_S 的影响,需要通过降低形核温度以提高体积自由能 ΔG_V。这相当于沉淀析出的有效平衡温度从 T_e 降低到了 T_1。但即使在 T_1 温度,由于($\Delta G_V - \Delta G_S$)接近于零,由(6.9)式和(6.10)式可知,界面能 γ 的存在使得临界形核半径 r^* 和形核势垒 ΔG^* 都将趋于无穷大,图 6.5(b)中的 ΔG^*-T 关系示意曲线也显示了这一点。因此,系统温度还需要进一步降低到图 6.5(c)中的 T_2 温度附近,对应的过冷度达到临界形核过冷度 ΔT_c,才能发生可察觉的形核。

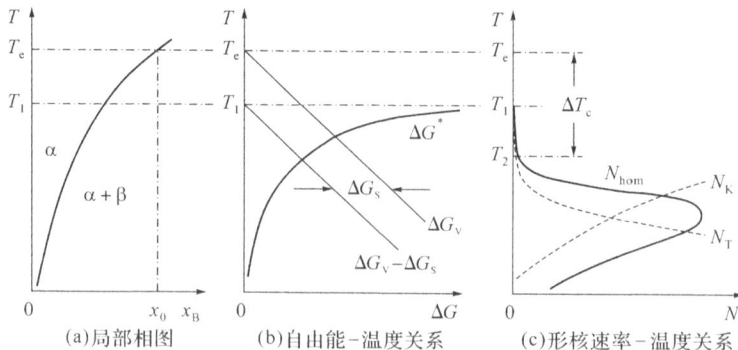

图 6.5　固态相变形核速率分析

在图 6.5(c)中还可以看到,随着温度的降低,均匀形核速率先提高后下降。这反映了沉淀析出以及其他降温相变过程共同的热力学动力学特征,参见(6.11)式和(6.12)式:当温度较高、过冷度很小时,虽然原子迁移速度快、动力学函数 N_K 很大,但由于过冷度很小(对应的驱动力 ΔG_V 很小)时,形核势垒 ΔG^* 很高,热力学函数(可以理解为单位体积单位时间内能够跨越势垒的晶核数量)N_T 可以忽略不计,所以过冷度太小时,总的形核速率 N_{hom} 接近于零。反之,当温度很低、过冷度很大时,虽然形核驱动力很大、热力学函数 N_T 很大,但原子迁移速度随温度下降而迅速减小,过冷度很大时动力学函数 N_K 很小,总的形核速率 N_{hom} 也很小。只有在过冷度适中时,才可能获得最大的形核速率,如图 6.5(c)中的 N_{hom} 曲线所示。

在 5.1.3 节中曾提到,在液体凝固过程中,容器壁或者液体中的固态夹杂物可能减小形核时增加的界面能,从而可能在较小的过冷度下发生非均匀形核。相对而言,在固态相变过程中,均匀形核更为少见。其原因包括以下两个方面:

一是如上所述,固态相变中新增的失配应变能消耗了一部分形核驱动力,从而使均匀形核过程变得更为困难,需要有较大的过冷度。只有很少一些体系中,由于新相和母相之间的点阵失配度很小,才有可能发生均匀形核。富 Co 相颗粒从 Cu-Co 固溶体中析出的形核过程,可能是为数不多的均匀形核实例之一。Co 的摩尔含量为 1%～3% 的 Co-Cu 二元合金(相图见图 2.7),经 1000℃ 左右高温均匀化固溶处理得到单相固溶体后淬火冷却,然后再加热到 600℃ 左右的过饱和析出温度。Co 在 450℃ 以下时为密排六方(hcp)低温相晶体结构,但它在 450℃ 以上的高温相具有和 Cu 一样的面心立方(fcc)结构,而且它们的点阵常数只相差 2%。因此,在过饱和 Cu 基固溶体中析出富 Co 相时,不仅失配应变能较低,而且很容易形成界面能非常低(大约为 0.2J/m² 的共格界面。较低的失配应变能和界面能使其可能在较小的过冷度(约 40℃)下发生均匀形核。

二是固态相变中可能发生非均匀形核的位置更多。除了固体表面和固体内部的杂相颗粒以外,母相中的晶体缺陷可能因为新相形核而消失,使系统自由能有所降低,或者说为新相形核提供额外驱动力,从而也可能成为非均匀形核的位置,使得过饱和固溶体可以在较小的过冷度下通过非均匀形核启动相变过程。理论上,除了热力学平衡浓度的点缺陷以外,其他晶体缺陷都可能为新相的形核提供额外驱动力,包括:过饱和空位、位错、晶界等。

在各种晶体缺陷中,晶界是最常见的固态相变非均匀形核位置。在晶界(特别是几颗晶粒的相交点)处形核,除了可以利用消除部分晶界从而提供额外形核驱动力自由能以外,晶界还可为形核所需要的原子扩散提供快速通道。

6.2　界面平衡成分与新相长大动力学

本节介绍两类抽象的、模型化的新相生长动力学,其中的关键点在于界面处的两相平衡成分以及通过溶质原子守恒关系建立新相生长速度公式。

6.2.1　平面增厚型长大

如图 6.6 所示的一个成分为 x_0 的 A-B 二元合金,在 T_0 温度经过长时间均匀化处理得到 α 单相组织,淬冷到室温后再快速加热到发生沉淀析出相变的 T_1 温度。假设在 T_1 温度下,α 相晶界上析出了一颗平板状 β 相晶粒,并随 T_1 温度保温时间在垂直于平板面的厚度方向生长(增厚)。假设在 t 时刻,这颗 β 相平板的厚度是 h,我们需要分析此时的(增厚)生长动力学。

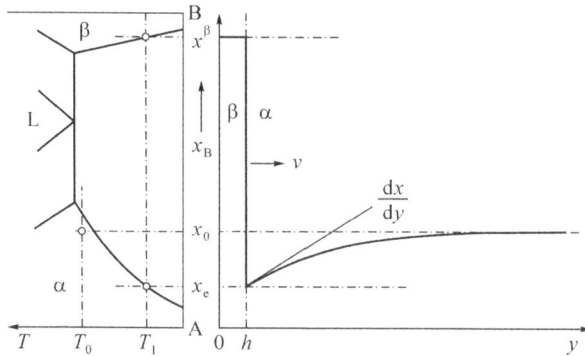

图 6.6　沉淀析出相的扩散控制增厚生长过程

由于 β 相的成分和母相 α 相不同,这个沉淀析出相变是一个涉及溶质原子扩散的相变过程,因此我们在图 6.6 中同时画出了垂直于平板方向的成分分布曲线(即 x_B-y 坐标系中的粗实线)。根据相图,在 T_1 温度时 α 相和 β 相的平衡成分分别是 x_e 和 x^β。由于 β 相都是在 T_1 温度析出来的,所以在成分分布图中,β 相的成分都是 x^β。在界面处与 β 相相邻的 α 相成分是 T_1 温度的平衡成分 x_e,但在尚未受到 β 相析出影响的远处的 α 相成分还维持在原始成分 x_0。这样,在 α 相中就产生了一个浓度梯度,使得 B 原子从浓度较高的远处向界面附近扩散。由于界面处 α 相成分必须保持在由相图确定的平衡成分 x_e,从远处扩散到界面处的 B 原子需要通过 β 相的生长消耗掉,以维持界面处的两相平衡热力学条件。[①] 在这个过程中,α 相中的原子扩散是决定 β 相生长的控制因素,而 β 相的生长可以理解为是一个维持界面成分平衡的被动过程。这里我们可以看到沉淀析出固态相变的基本特征:新相的生长及其速度取决于母相中的扩散及其速度。

在图 6.6 中,我们用 dx/dy 表示界面处 α 相中的 B 元素浓度梯度,如果界面面积是 A,则根据菲克第一定律,dt 时间内 α 相中扩散到界面处的 B 原子摩尔数为:

---

　① 注意,这里的叙述涉及一个基本概念问题。严格地讲,扩散是指原子在"同一个"相中的长程迁移。而原子跨越两相界面的运动只是按新相的点阵调整原子的位置,这是一种不超过一个原子间距的短程位移,不属于扩散的范畴,也不能用扩散定律描述。所以,在这个例子中,α 相中从远处扩散到界面的 B 原子并没有继续扩散到 β 相中,而是随着两相界面的向前移动被归并到 β 相中。

$$dn_1 = AD(dx/dy)dt/V_m^{\alpha} \tag{6.13}$$

其中，V_m^{α} 是 α 相的摩尔体积。注意，这里我们是计算 B 原子向"—y"方向的流量，所以去掉了扩散公式中的负号。

此外，假设 dt 时间内界面向 α 相方向移动了距离 dh（移动速率 $v = dh/dt$），则由于界面处两相成分的差异，需要补充的 B 原子摩尔数为：

$$dn_2 = (x^{\beta} - x_e)Adh/V_m^{\beta} \tag{6.14}$$

其中，V_m^{β} 是 β 相的摩尔体积。

显然，β 相生长需要补充的 B 原子在数量上必须等于 α 相中扩散到界面处的 B 原子数，即：$dn_2 = dn_1$。如果近似认为两相摩尔体积 $V_m^{\alpha} \approx V_m^{\beta}$，则根据(6.13)式和(6.14)式，可以得到：

$$v = \frac{dh}{dt} = \frac{D}{x^{\beta} - x_e} \cdot \frac{dx}{dy} \tag{6.15}$$

为了估算 α 相在界面处的浓度梯度 dx/dy，C. Zener 提出了一种简化处理方法[8]。如图 6.7 所示，由于 β 相生长时需要从 α 相中"收集"B 原子，因此将在界面前方的 α 相中形成一个溶质原子贫乏区。在这个溶质原子贫乏区内，浓度分布曲线通常是一条以 x_e 为界面处平衡成分、以 x_0 为远处渐近成分的曲线（见图 6.7 中的粗实线）。Zener 提出的方法是，把这个曲边三角形溶质原子贫乏区简化为一个以过饱和度 $\Delta x = x_0 - x_e$ 和"简化贫乏区"宽度 L 为直角边长度的三角形。这样，就可以用直角三角形斜边的斜率 $\Delta x/L$ 近似浓度梯度 dx/dy。其中 L 可以根据溶质守恒确定，以原始平均成分 x_0 为基准，β 相中超额部分（见图 6.7 中的矩形阴影面积）等于 α 相中的缺失部分（见图 6.7 中的三角形阴影面积），即：

$$(x^{\beta} - x_0)h = L\Delta x/2 \tag{6.16}$$

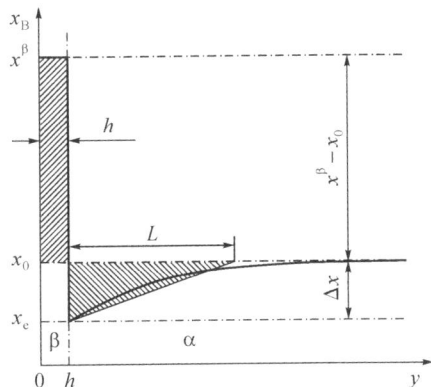

图 6.7　片状析出前方母相中的成分分布简化处理

将 $dx/dy \approx \Delta x/L$ 和(6.16)式代入(6.15)式，得：

$$\frac{dh}{dt} = \frac{(\Delta x)^2}{(x^{\beta} - x_e)(x^{\beta} - x_0)} \cdot \frac{D}{2h} \tag{6.17}$$

　　在实际合金体系中,相对于沉淀析出相的成分 x^β 而言,原始平均成分 x_0 和平衡成分 x_e 之间的差异 Δx 通常是很小的。例如,Al-Cu 合金是一种典型的通过沉淀析出强化材料的合金体系。由图 6.8 给出的 Al-Cu 二元相图可见,Cu 在 α 相中的最大固溶度 x_{max} 仅为 0.0248,这意味着 Al-Cu 二元体系中 x_0 和 x_e 之间的差异最多在 0.02 左右,而析出相(见图 6.8 中的 θ 相)的 Cu 含量在 0.32 以上。所以,对(6.17)式,我们可以用 $(x^\beta - x_e)$ 取代 $(x^\beta - x_0)$,作进一步的简化:

$$\frac{\mathrm{d}h}{\mathrm{d}t} = \left(\frac{\Delta x}{x^\beta - x_e}\right)^2 \cdot \frac{D}{2h} \tag{6.18}$$

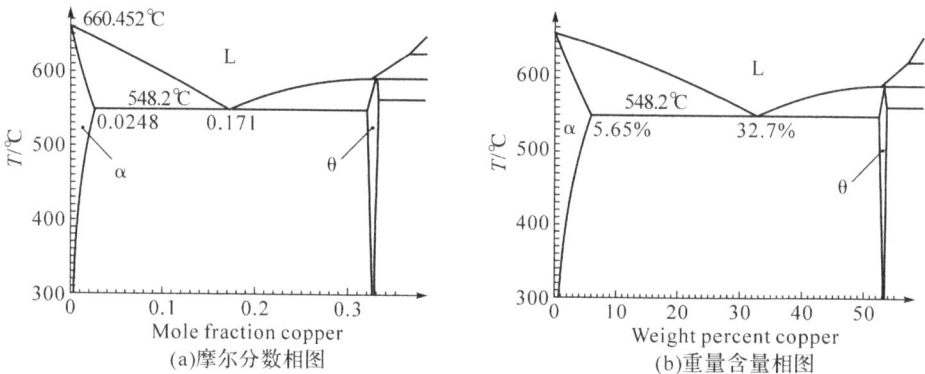

图 6.8　Al-Cu 二元相图(富 Al 侧)

积分并整理后,可分别得到析出相厚度和增厚速度的表达式:

$$h = \frac{\Delta x}{x^\beta - x_e}\sqrt{Dt}, \qquad v = \frac{\Delta x}{2(x^\beta - x_e)}\sqrt{D/t} \tag{6.19}$$

　　(6.19)式是一种粗略的近似处理,实际的沉淀析出过程在初期可能比(6.19)式得到的速度更快一些,原因主要包括模型简化和数学近似两方面。就平面增厚模型而言,我们只考虑了垂直于平面方向(即 y 方向)到两相界面处的扩散,实际上对 α 相中的一颗孤立的 β 相颗粒而言,还有来自周围其他方向的扩散,以及扩散速度更快的沿 α 相晶界到 β 相颗粒附近的扩散。从推导过程中使用的数学近似看,两个主要的近似,用 $\Delta x/L$ 取代斜率更大的 $\mathrm{d}x/\mathrm{d}y$(见图 6.7)以及用 x_e 取代数值较大的 x_0,最终效果都是使计算得到的新相生长速度偏小。所以析出相的实际生长速度在初期将大于(6.19)式给出的速度。但是在析出后期,当相邻 β 相析出颗粒周围 α 相中的溶质原子贫乏区开始相互重叠时,界面处的浓度梯度将持续减小,β 相的生长速度也将随之降低,并随着 α 相中"远处"的成分逐渐接近于 x_e 而停止生长。

　　尽管存在一些局限,(6.19)式仍然可以给出一些重要的结论。首先,沉淀析出颗粒的厚度 h 正比于 $t^{1/2}$,说明增厚过程服从抛物线生长规律。其次,生长速度 v 正比于过饱和度 Δx 和 $D^{1/2}$ 的乘积,反映了温度对生长速度的热力学影响和动力学影响。一方面,随着温度的降低,对给定的原始成分 x_0,α 相中的过饱和度 Δx 增加(参见图 6.1),这反映了温度的热力学影响。另一方面,根据阿伦尼乌斯公式(4.6)(参见 4.1.3 节),扩散系数随着温度下降而减小,这反映了温度的动力学影响。图 6.9 中示意画出了 Δx 和 $D^{1/2}$ 的温度曲线。当过冷度很小(接近于 T_e)时,由于过饱和度小,相变驱动力(热力学因素)小,所以长大速率慢;当过冷度很大(温度很低)时,由于原子扩散系数(动力学因素)小,所以长大速率也慢。只有当过冷度适中时,才具有最大的生长速率。这种特征与 6.1.3 节所讨论的温度对形核速率的影响规律是相似的(参见图 6.5)。

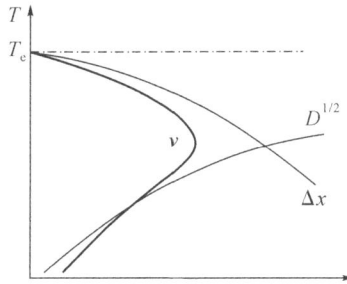

图 6.9　温度对生长速度的影响

6.2.2　具有弯曲侧面或端部的析出颗粒的长大

假设在 t 时刻,过饱和 α 相固溶体中通过形核长大析出了一个具有弯曲侧面的片状 β 相晶粒,如图 6.10(a)所示。假设这颗 β 相晶粒在 z 轴方向和 α 相之间存在共格界面,因此沿 z 轴方向的生长非常缓慢,可以忽略不计。我们重点讨论这颗 β 相晶粒侧面的非共格弯曲界面沿 y 轴方向的生长特征。假设析出晶粒的宽度为 $2h$、厚度为 $2r$(即在 y-z 平面上,弯曲侧面为半径为 r 的半圆形),同时为了简化问题,我们假设在垂直于 y-z 平面的方向上,这颗 β 相晶粒的尺寸为单位长度。图 6.10(b)是沿 y 轴的成分分布示意曲线。

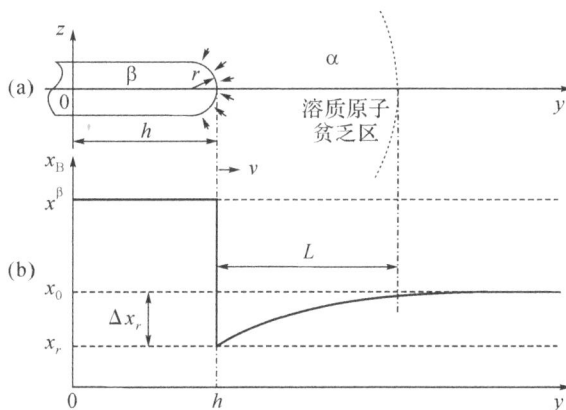

图 6.10　弯曲侧面析出相的生长

弯曲界面沿 y 轴方向的生长速度 v 可以采用与上一节类似的方法计算,即:建立析出相生长时的溶质原子需求量和母相中溶质原子扩散量之间的关系,并采用直角三角形溶

质原子贫乏区简化近似计算界面处母相中的浓度梯度。但在这里,还需要考虑以下一些与弯曲界面相关的特征:

首先,在 β 相生长时,α 相中的溶质原子可以从垂直于弯曲侧面的所有方向[如图 6.10(a)中的小箭头所指],向 β 相生长前沿扩散。所以 α 相中的溶质原子贫乏区可以看作是一个以 $2r$ 为内径、$2(r+L)$ 为外径的半圆柱形区域。图 6.10(a)中用虚线示意画出了(局部)溶质原子贫乏区的边界。

其次,注意到我们讨论的是一个曲率半径为 r 的弯曲界面。在 3.3 节中我们曾经对球形颗粒的表面效应进行了分析(见图 3.18),并在稀溶液假设条件下获得了颗粒表面曲率对溶解度的影响关系[见(3.20)式]。在这里的例子中,弯曲界面是一个圆柱面,由此导致的界面处 β 相自由能的增加为 $\gamma V_m^\beta/r$。如图 6.11 所示,这个自由能的增加使得弯曲界面处(局部)β 相自由能曲线上升,从而与 α 相自由能曲线的共切点发生偏离。这种共切点成分的偏离主要反映在固溶度范围相对较大(从而自由能曲线随成分变化比较缓慢)的 α 相中。由图 6.11(b)可见,α 相与弯曲界面 β 相平衡的成分从 T_1 温度时的平衡相图(平直界面)固溶度 x_e 提高到与界面曲率半径 r 相关的 x_r。需要指出的是,图 6.11 中 x_e 和 x_r 之间的"巨大"差异仅仅是为了使图像清晰而特意夸大的,实际上只有在曲率半径为数十纳米或以下时才会有可观察到的影响。相关的分析可参见 3.3 节和图 3.17 的讨论。

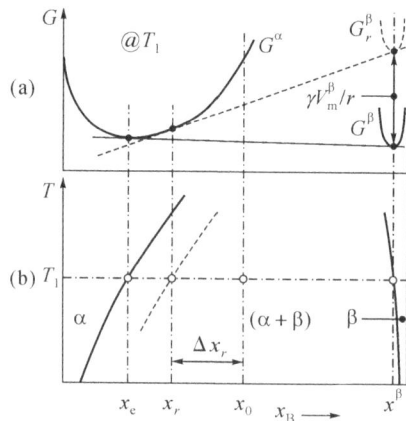

图 6.11　弯曲界面对自由能曲线和相图固溶度线的影响

类似于(6.19)式的推导,如前所述,B 原子在 α 相中的溶质原子贫乏区中从远处向 β 相颗粒附近的扩散,可以看作是 B 原子穿过一个以 $2r$ 为内径、$2(r+L)$ 为外径的半圆柱形区域的扩散。根据关于图 4.5 的分析和(4.8)式,并注意到图 6.10(a)中的扩散区域只是一个半圆,所以在 dt 时间内,从远处穿越半圆柱形溶质原子贫乏区,到达 β 相界面前沿的 B 原子摩尔数是:

$$dn_1 = \frac{\pi D \Delta x_r}{V_m^\alpha \ln \dfrac{r+L}{r}} dt \tag{6.20}$$

此外,当图 6.10(a)中具有顶端弯曲界面的片状 β 相析出颗粒在 dt 时间内向 y 方向生长 dh 时(假设 z 方向厚度保持不变,x 方向为单位长度),需要从附近 α 相中获取的 B 原子摩尔数为:

$$dn_2 = (x^\beta - x_r)\pi rdh/V_m^\beta \tag{6.21}$$

显然,根据质量守恒原理,dn_1 和 dn_2 是相等的。另外,我们可以近似认为两相摩尔体积 V_m^α 和 V_m^β 相等。同时为了进一步简化,用系数 k 替代(6.20)式分母中的对数项,于是我们可以得到具有弯曲界面的片状析出物生长速度公式:

$$v = \frac{dh}{dt} = \frac{D(x_0 - x_r)}{k(x^\beta - x_r)}\frac{1}{r} \tag{6.22}$$

(6.22)式还可以有各种不同的后续处理或者进一步简化处理。例如,可以根据溶质原子的守恒原则估算溶质贫乏区宽度 L,并计算(6.22)式中的系数 k。另外,也可以简单取 $k \approx 1$ 以进行更为粗略的估算。在实际问题的分析处理中,由于通常需要根据实验结果拟合某些参数,所以这些不同的简化处理都不是关键问题。在(6.22)式中,我们看到与上一节讨论的平面增厚型长大速度公式的差异在于,这里的新相生长速度是一个与时间无关的常数,或者说新相的长度 $h \propto t$。

6.3　界面能驱动的动力学过程

晶界是晶体缺陷的一种类型。晶界的存在提高了系统的自由能,不属于热力学平衡晶体缺陷,因此经过足够长时间的处理(至少在理论上)晶界是可以消除的。当然,完全消除一块多晶体材料中的晶界所需花费的时间已经远远超过任何人能提供的时间。但在一定范围内减少系统中的晶界总面积,是完全可以实现的,正是这种界面总面积的减少,为本节将要讨论的两个典型动力学问题——颗粒粗化和晶粒长大,提供了驱动力。

在颗粒粗化和晶粒长大过程中,系统中的微观组织发生了变化,但相的组成及其含量基本不变,所以都不属于相变过程。

6.3.1　颗粒粗化

颗粒粗化(particle coarsening)指的是第二相颗粒析出过程完成以后,在第二相体积含量保持基本不变的情况下,通过减少颗粒数量同时增加平均颗粒尺寸,降低系统界面自由能的一个过程。

假设一个过饱和 α 相固溶体完成 β 相颗粒的沉淀析出过程以后,在 T_1 温度下继续保温。由于种种原因,析出的 β 相颗粒大小尺寸通常是不同的。为了简化讨论,假设存在两颗相距不远,半径分别为 r_1 和 r_2 的球形 β 相颗粒($r_1 > r_2$)。根据 3.3 节中的讨论和图 3.18,相对于曲率半径无限大的 β 块体,半径为 r_1 和 r_2 的球形 β 相颗粒的单位摩尔自由能分别提高 $2\gamma V_m^\beta/r_1$ 和 $2\gamma V_m^\beta/r_2$,或者说尺寸较小的 r_2 颗粒的单位摩尔自由能比尺寸

较大的 r_1 颗粒高 $2\gamma V_m^\beta \left(\dfrac{1}{r_2} - \dfrac{1}{r_1} \right)$，如图 6.12(a)所示。这使得小颗粒附近 α 相中的B元素平衡浓度高于大颗粒附近。两颗不同尺寸的 β 相球形颗粒中心连线（A-A′线）上的成分分布曲线如图 6.12(b)所示，可以看到在两颗不同尺寸的 β 相颗粒之间的 α 相中存在 B 元素的浓度梯度。

　　这种浓度梯度将导致 α 相中 B 原子从 β 相小颗粒附近向 β 相大颗粒附近的扩散。为了使发生扩散后两相界面附近的成分维持由图 6.12(a)公切线所确定的热力学平衡关系，β 相小颗粒将逐步溶解，向附近 α 相中释放 B 原子以弥补扩散引起的局部 B 元素浓度不足；与此同时，在另一端的 β 相大颗粒将逐步长大以吸纳扩散过来的 B 原子。这个过程使得系统中的 β 相小颗粒不断缩小并趋于消亡，相应的大颗粒逐渐长大，从而使 β 相的平均颗粒尺寸上升，总的相界面面积减小，系统自由能下降。

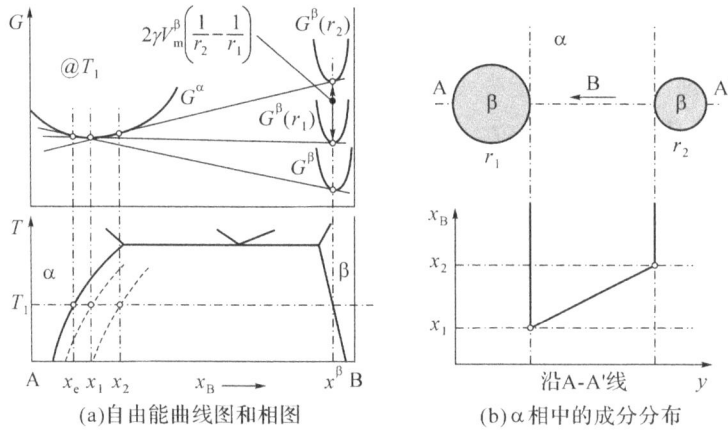

(a)自由能曲线图和相图　　　　　(b)α 相中的成分分布

图 6.12　颗粒粗化过程

　　根据 3.3 节在稀溶液假设条件下推导的 Thomson-Freundlich 公式［即（3.20）式］，α 相中与半径为 r_1 的 β 相颗粒平衡的浓度 x_1 和与半径无限大的 β 相块体平衡的浓度（相图给出的固溶度）x_e 之间存在以下关系：

$$RT\ln(x_1/x_e) = 2\gamma V_m^\beta / r_1 \tag{6.23}$$

　　如前所述，由于 β 相颗粒表面曲率引起的界面另一侧 α 相中的 B 元素固溶度差异实际上是很小的，或者说 $(x_1 - x_e)$ 远小于 x_e，因此 $\ln(x_1/x_e) = \ln[1 + (x_1 - x_e)/x_e] \approx (x_1 - x_e)/x_e$。于是，（6.23）式可写为：

$$RT(x_1 - x_e)/x_e \approx 2\gamma V_m^\beta / r_1$$

　　同样，对半径为 r_2 的 β 相颗粒附近的 α 相中的浓度 x_2，也有：

$$RT(x_2 - x_e)/x_e \approx 2\gamma V_m^\beta / r_2$$

　　将两式相减，得到：

$$RT \frac{x_2 - x_1}{x_e} = 2\gamma V_m^\beta \left(\frac{1}{r_2} - \frac{1}{r_1} \right) \tag{6.24}$$

对于一颗半径为 r_1 的 β 相球形颗粒来说,如果其在 dt 时间内半径变化了 dr_1,所需的 B 原子摩尔数应该等于在 dt 时间内 α 相中扩散到界面处的 B 原子摩尔数,即:

$$(x^\beta - x_1) \frac{dV_1}{V_m^\beta} = (x^\beta - x_1) \frac{4\pi r_1^2}{V_m^\beta} dr_1 = D \frac{4\pi r_1^2}{V_m^\beta} \frac{dx}{dy} dt$$

或

$$\frac{dr_1}{dt} = \frac{D}{x^\beta - x_1} \frac{dx}{dy} \tag{6.25}$$

其中,dx/dy 是靠近颗粒 r_1 界面处 α 相中的 B 原子浓度梯度。作为一种粗略估算,我们用 $(x_2 - x_1)/r_1$ 近似 β 相颗粒 r_1 附近 α 相中的浓度梯度 dx/dy,同时应用(6.24)式,得到:

$$\frac{dr_1}{dt} = \frac{2D\gamma x_e V_m^\beta}{RT(x^\beta - x_1)} \left(\frac{1}{r_1 r_2} - \frac{1}{r_1^2} \right) \tag{6.26}$$

当我们考虑颗粒 r_1 的长大过程时,不希望牵涉颗粒 r_2 的具体数值。事实上,颗粒 r_1 附近可能存在许多尺寸不同的 β 相颗粒,并共同影响颗粒 r_1 的长大速度。因此,不妨假设(6.26)式中的 r_2 相当于系统中 β 相颗粒的平均尺寸 $\bar{r}$。这样,(6.26)式可写为:

$$\frac{dr_1}{dt} = \frac{2D\gamma x_e V_m^\beta}{RT(x^\beta - x_1)} \left(\frac{1}{r_1 \bar{r}} - \frac{1}{r_1^2} \right) \tag{6.27}$$

这个速度公式表明,如果大于平均颗粒尺寸的 β 相颗粒的长大速度大于零(长大),而较小的颗粒将缩小,这与前面的定性分析结果是一致的。同时(6.27)式还表明,一颗 β 相颗粒的长大速度与系统中 β 相的平均颗粒尺寸相关,当小颗粒逐渐消亡后,原来可能还处于长大状态的一些次小颗粒可能会停止长大而转为缩小并最终趋于消亡。

如果已知系统中 β 相颗粒的尺寸分布,或者假设服从某个尺寸分布函数,则可以在 β 相颗粒总体积保持不变的条件下,根据(6.27)式计算不同尺寸 β 相颗粒的长大速度,并通过积分进而计算系统中 β 相颗粒的平均长大速度,有关研究可参阅 Wagner[9] 以及 Lifshitz 和 Slyozov[10] 的论文。他们的数学分析和统计处理结果显示,β 相析出颗粒的平均长大速度反比于平均颗粒尺寸的平方,即:

$$\frac{d\bar{r}}{dt} \sim \bar{r}^2 \tag{6.28}$$

或

$$\bar{r}^3 - r_0^3 = kt \tag{6.29}$$

其中,r_0 是 β 相沉淀析出刚完成时的平均颗粒尺寸;比例系数 $k \propto D\gamma x_e$。

关于颗粒粗化现象的早期研究,可追溯到 19 世纪末德国化学家奥斯特瓦尔德(Friedrich Wilhelm Ostwald,1853—1932,1909 年诺贝尔化学奖获得者)的工作[11]。他发现在饱和盐水中,尺寸较小的盐晶体由于具有更高的溶解度而趋于溶解,同时在尺寸较大的盐晶体表面重新析出。奥斯特瓦尔德把产生这一现象的原因归结为小颗粒具有比大颗粒更大的表面能。这种由于表面能作用引起的小颗粒缩小、大颗粒长大的现象存在于许多领域,如食品领域的乳剂凝聚现象和地质领域中正长石巨晶的生长机制等。由于颗粒粗化最早是由奥斯特瓦尔德发现并描述的,同时它又是一个随时间持续发展的过程,因此被称为"奥斯特瓦尔德熟化"（Ostwald ripening）。

在材料科学与工程领域，奥斯特瓦尔德熟化通常会损害材料的性能，如由于颗粒粗化、数量减少，第二相析出颗粒的阻碍位错滑移和钉扎晶界的作用相应被削弱。在一些量子点薄膜材料的气相沉积过程中，也可能发生导致量子点粗化的奥斯特瓦尔德熟化过程。为了延缓奥斯特瓦尔德熟化过程，根据（6.29）式，需要通过材料体系的优化设计，获得较小的系数 k，或者说，较小的乘积 $D\gamma x_e$。例如，在一些高温合金中通过成分与工艺设计，使之析出能与母相形成共格界面的第二相颗粒，通过大幅度降低界面能 γ 有效延缓奥斯特瓦尔德熟化过程；在金属材料中引入某些低固溶度金属的氧化物颗粒，通过降低 x_e 而防止颗粒粗化；此外，在钢铁材料中，通过添加能够形成稳定碳化物的某些合金元素，利用这些合金元素在钢中的低扩散系数 D，也能有效延缓碳化物颗粒的粗化过程。

6.3.2　晶粒长大

晶粒长大（grain growth）是指单相多晶体材料中小晶粒缩小直至消亡而大晶粒长大，从而使系统平均晶粒尺寸上升、晶界总面积下降的过程。和上一节讨论的颗粒粗化过程类似，晶粒长大过程的热力学驱动力也来自界面自由能的降低。不同的是，颗粒粗化过程中涉及溶质原子的扩散，而晶粒长大过程不依赖于原子的远程迁移。晶粒长大过程的微观机制是晶界处原子（不超过一个原子间距）的短程跃迁，即从一颗晶粒的晶格位置跳到相邻晶粒的晶格位置，表观上反映为晶界在系统中的移动。

根据 3.1 节中的讨论，晶界自由能可以理解为作用在晶界上的一个力。在三维体系中，一方面，晶界在互相连接处需要保持界面张力的平衡（见图 3.11），从而使得晶界发生弯曲（见图 3.12）；另一方面，弯曲晶界又存在一个指向晶界曲率中心的附加力 p，使晶界向其曲率中心移动，p 的大小由拉普拉斯方程（3.12）式确定，单位是 N/m²。

作为一种粗略的简化，一般认为晶界移动的速率 v 与附加力 p 成正比，比例系数称为晶界的迁移率，用 m 表示，即：

$$v = mp \tag{6.30}$$

在一个实际的单相多晶体材料中，不同的晶界由于两侧晶粒取向差的不同，晶界自由能 γ 和迁移率 m 都可能是不同的。例如，在经过大变形量冷轧和特殊工艺退火再结晶处理的 Al-3wt％Mg 合金薄板中，大部分晶粒具有(001)晶面垂直于板面的取向，相互之间大多是界面自由能和迁移率都比较低的小角度晶界；但如果此时材料中存在很少量的其他取向晶粒，则这些少数取向晶粒与周围晶粒之间是 γ 和 m 都较大的晶界。不同取向关系的晶界之间 γ、m 数值的差异可能导致一小部分晶粒的长大速度远远超过其他晶粒，从而发生异常晶粒长大现象。图 6.13(a)和(b)是冷轧 Al-3wt％Mg 合金分别经 450℃再结晶和 300℃再结晶后，在 450℃保温 320s 后得到的正常晶粒长大组织和异常晶粒长大组织的金相照片。

有关晶粒长大过程及其热力学、动力学机制的详细讨论，可参阅相关著作[12]。本节只介绍晶粒长大过程的一般动力学规律，因此假设系统中不同晶界的 γ 和 m 值都相同。

图 6.13　冷轧 Al-3wt％Mg 合金正常晶粒长大组织和异常晶粒长大组织的金相照片

我们先讨论二维系统中的晶粒长大现象。大量研究表明,在二维体系中,所有晶粒的平均边数大约等于 6。对具体的某个晶粒而言(参见图 3.12 及其讨论),边数小于 6 的晶粒具有外凸晶界而趋于缩小,边数大于 6 的晶粒具有内凹晶界而得以长大。根据这一特点,有人采用拓扑学分析方法,对二维晶粒长大过程进行了定性研究。如图 6.14(a)所示,考虑 A~F 等 6 颗晶粒,其中五边形晶粒 A 和七边形晶粒 B 构成一个"5-7 对",其余晶粒都是六边形。在晶粒长大过程中,五边形晶粒将缩小,逐步变为四边形晶粒。假设在这个过程中 A-B 之间的晶界消失了,则如图 6.14(b)所示,A 缩小为四边形,B 也因为同时失去一条晶界而恢复为六边形,而 C、F 各增加一条晶界转变为七边形。进一步发展到如图 6.14(c)所示的状态,A 继续缩小为三边形,C 和 E 分别转变为八边形和七边形,其余晶粒为六边形。最后,如图 6.14(d)所示,A 消失以后,C 为七边形,D 为五边形,其余晶粒为六边形。在这个过程中我们看到,系统的平均晶粒边数始终保持不变,而且随着从图 6.14(a)到(d),正好完成一个循环,结果是一颗晶粒消失,但系统中的"5-7 对"依然存在,预示着下一轮循环将继续进行。

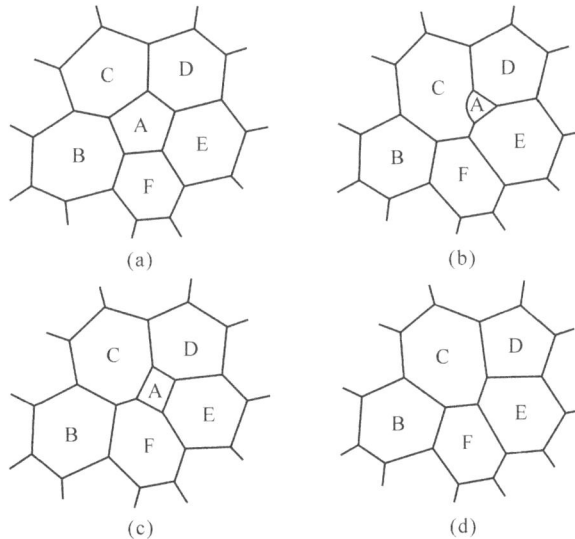

图 6.14　二维晶粒长大过程的拓扑学分析

这样的"5-7 对"可以看作是正常的六边形晶粒组织中的一个"缺陷"。假设在由正常的六边形晶粒组成的组织中,存在如图 6.15(a)所示的一个由五边形晶粒和相邻七边形晶粒组成的"5-7 对"。在图 6.15(b)中,我们把图 6.15(a)中的不规则多边形用圆圈替代,圆心位置差不多就是多边形的几何中心位置。这样构成了一个类似于面心立方晶体(111)面原子排列的图案。如果围绕图 6.15(b)中的"5-7 对"做一个柏氏回路,可以得到一个垂直于"5-7 对"的柏氏矢量 $\boldsymbol{b}$。如果把这样的"5-7 对"比拟为晶体中的位错,则从图 6.14(a)到(d)的一个循环相当于位错在晶体中的攀移。进一步研究发现,这种"5-7 对"缺陷具有许多和位错运动类似的特征。

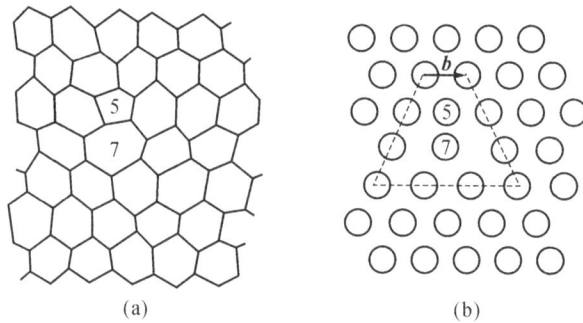

图 6.15　二维晶粒长大过程拓扑缺陷的柏氏回路分析

二维系统中的晶粒长大速度,可以用二维晶粒面积随时间的变化率 $\mathrm{d}A/\mathrm{d}t$ 来定义。考虑如图 6.16 所示的一颗面积为 A、边数为 n 的二维晶粒。如果它的晶界上任意一点 s 处向其曲率中心方向移动的速度是 $v(s)$,则其晶粒的长大速度就等于围绕整个晶界对 $v(s)$ 的积分,即:

$$\frac{\mathrm{d}A}{\mathrm{d}t} = \oint v(s)\mathrm{d}s \tag{6.31}$$

根据(6.30)式,速度 $v(s)$ 正比于 s 处由于晶界弯曲产生的附加力 p,又由拉普拉斯方程(3.12)式可知,在二维系统中 $p = \gamma/\rho(s)$,因此:

$$v(s) = m\gamma/\rho(s) \tag{6.31a}$$

根据数学关系,平面曲线上任意一点的曲率半径定义为:

$$\rho(s) = -\mathrm{d}s/\mathrm{d}\phi(s) \tag{6.31b}$$

其中,负号是为了把曲率中心在晶粒外面时的曲率半径定义为正值;$\phi(s)$ 是从参考坐标轴(见图 6.16 中的 z 轴)正向按逆时针方向到 s 点处晶界切线的夹角。

把(6.31a)式和(6.31b)式代入(6.31)式,得到:

$$\frac{\mathrm{d}A}{\mathrm{d}t} = -m\gamma \oint \mathrm{d}\phi(s) \tag{6.32}$$

这样就把二维晶粒的长大速度表达为绕晶界关于夹角的积分。显然,如果 $\mathrm{d}\phi(s)$ 在整个晶界上连续,则(6.32)式右边的积分就是 2π。实际上,在二维系统的每个晶界三叉点处,$\mathrm{d}\phi(s)$ 都有一个突变。如果所有晶界的界面能 γ 都相等,根据晶界在三叉点处的局

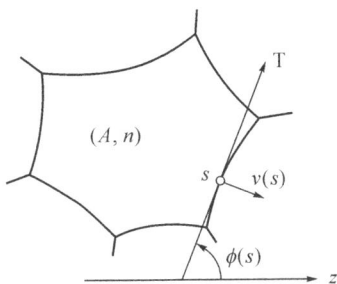

图 6.16　二维晶粒长大速度的计算

部平衡条件,即晶界之间夹角都是 $2\pi/3$,则 $\mathrm{d}\phi(s)$ 在每个三叉点处将有 $\pi/3$ 的突变。这意味着,$\mathrm{d}\phi(s)$ 绕晶界一周的积分等于 $2\pi-n\pi/3$。这样 (6.32) 式可写为:

$$\frac{\mathrm{d}A}{\mathrm{d}t} = -m\gamma\left(2\pi - \frac{n\pi}{3}\right) = \frac{\pi}{3}m\gamma(n-6) \tag{6.33}$$

这一结果表明,二维晶粒的长大速度和边数成正比,并且以六边形为临界点,边数大于 6 的晶粒长大速度为正值,而边数小于 6 的晶粒将缩小。这个二维晶粒长大速度公式是由数学家冯·诺伊曼(John von Neumann,1903—1957)推导出的[13]。这个公式的意义在于仅使用了界面能相同(从而晶界夹角都是 120°)以及晶界移动速度正比于 p 的假设条件,通过不包含任何近似处理的纯数学推导,得出简单的数学表达式。

在冯·诺伊曼采用围绕晶界积分的数学分析方法推导出二维晶粒长大速度公式后,许多人考虑进一步将这种方法应用于三维系统的晶粒长大问题,但至今未获得成功。其原因在于三维系统中曲率半径表达式的复杂性,围绕界面积分时涉及的棱边形状和长度的不确定性,等等。因此,至今为止有关三维系统中晶粒长大速度的研究都是在一些近似简化假设下,采用统计处理方法进行的。

作为一种简单的统计处理,假设三维系统中晶面的平均曲率半径正比于平均晶粒尺寸。如果用晶粒的等体积球半径 R 表示不规则多面体晶粒的尺寸,则平均晶粒尺寸的长大速度为:

$$\frac{\mathrm{d}\overline{R}}{\mathrm{d}t} \propto \frac{m\gamma}{\rho} \propto \frac{m\gamma}{R}$$

积分后可得:

$$\overline{R} = A + Bt^n \tag{6.34}$$

其中,A 是与再结晶完成后的晶粒尺寸相关的一个常数;B 是时间系数;n 被称为动力学指数。在实际问题中,这些参数都可以通过实验数据拟合确定。从 (6.34) 式的推导过程可以看到,动力学指数 n 的理论值为 $1/2$,但实验测量发现在正常晶粒长大过程中,n 只有在纯金属并且温度接近于熔点时才可能接近于 $1/2$,大多数情况下都小于 $1/2$,其主要原因在于晶粒长大过程中杂质原子对晶界移动的拖拽作用。图 6.17 是根据不同研究报道汇总的一些金属材料动力学指数与温度关系实验测量值。虽然由于研究条件不同和受制于实验测量条件等因素,这些数据中可能包含实验误差,但从中可以看到动力学指数随温度上升而上升的总体趋势,以及 $n \leqslant 1/2$ 这个正常晶粒长大过程的极限值。

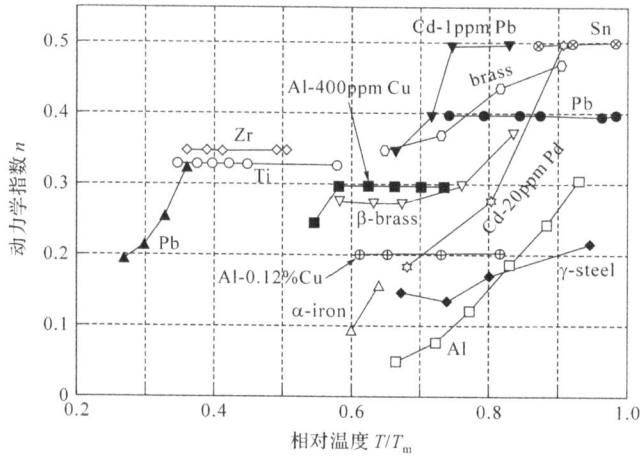

图 6.17　一些金属材料的实测动力学指数温度关系

经典的晶粒长大统计处理方法是由 Hillert 提出的[14]。在一般情况下,晶粒长大过程的基本特征是小晶粒缩小而大晶粒长大。在一个实际多晶体系统中,虽然可能并不存在区分大晶粒和小晶粒的明确的界限,实际系统中由于晶粒形状的多样性和不规则性,在某些局部、某些瞬间甚至可能发生较大晶粒缩小而相邻较小晶粒长大的情况,但是从统计角度考虑,Hillert 认为可以定义一个区分大晶粒和小晶粒的临界尺寸。在统计平均意义上,小于这个临界尺寸的晶粒具有外凸晶界,晶界的平均曲率是负的(曲率中心在晶粒内侧),因此趋于缩小;而大于这个临界尺寸的晶粒具有内凹晶界,晶界的平均曲率是正的(曲率中心在晶粒外侧),因此得以长大。如果用二维系统中的等面积圆或者三维系统中的等体积球的半径 R 定义晶粒尺寸,用 R_{cr} 表示临界晶粒尺寸,同时考虑到晶粒的晶界曲率半径和晶粒尺寸具有相同的长度量纲,Hillert 认为晶界曲率可写为:

$$\frac{1}{\rho} = \frac{\alpha}{2}\left(\frac{1}{R_{cr}} - \frac{1}{R}\right) \tag{6.35}$$

其中,α 是晶界的维数,在二维系统中晶界是一维曲线,所以 $\alpha = 1$;在三维系统中,晶界是二维曲面,所以 $\alpha = 2$。

如果近似认为晶界在其法线方向的移动速度 v 等于晶粒尺寸 R 随时间的变化速率,则根据(6.30)式和拉普拉斯方程(3.12)式,可得:

$$\frac{dR}{dt} = \frac{\alpha}{2}m\gamma\left(\frac{1}{R_{cr}} - \frac{1}{R}\right) \tag{6.36}$$

其中,临界尺寸 R_{cr} 可以根据系统体积(或二维系统的面积)守恒的条件确定,简单推导可得:

$$R_{cr} = \frac{\sum_i R_i^{\alpha}}{\sum_i R_i^{\alpha-1}} \tag{6.37}$$

其中,下标"i"是晶粒编号。在三维系统中,$R_{cr} = \overline{R^2}/\overline{R}$;在二维系统中,$R_{cr} = \overline{R}$。

6.4　固态相变实例讨论

6.4.1　时效硬化

在大部分固溶体中,溶质固溶度随温度降低而下降。如果将一个在高温下经均匀化处理的单相固溶体在相对较低的温度下保温时,溶质元素可能逐渐析出形成第二相颗粒。这种在较低温度下发生的第二相颗粒析出过程是随时间推移而缓慢进行的,同时由于析出颗粒具有阻碍位错运动、提高材料强度和硬度的作用,所以被称为"时效硬化"(age hardening)。

Al-Cu 合金是一种典型的时效硬化合金。根据图 6.8 给出的其富铝一侧的局部相图,含 4wt％Cu 的 Al-Cu 合金在 540℃ 温度下经足够长时间的保温处理后,将形成单相 fcc 结构的 α 相固溶体。随后将其快速冷却(如在水中淬火)到室温,由于来不及发生任何反应,将得到过饱和的 α 相固溶体。这种 Cu 含量过饱和的固溶体在热力学上是不稳定的,因此存在析出富铜 θ 相的趋势。但实验发现,如果把这样一个过饱和固溶体在不同温度下放置不同时间,随温度的升高或者时间的延长,将依次析出 Cu 原子富集的 GP 区、亚稳的 θ'' 相、θ' 相和稳定的 θ 相。

GP 区是 Guinier 和 Preston 在 1938 年用 X 射线衍射谱条纹分别独立检测到的 Al-Cu 合金中的 Cu 原子富集区。GP 区和基体完全共格,因此界面能很低。GP 区大多为盘状,也有球状或棒状,取决于应变能最小化条件,所以与各组元之间的原子尺寸差异、基体不同方向的畸变能差异等因素相关。在 Al-Cu 合金中,⟨100⟩方向的畸变能较低,因此 GP 区通常为垂直于⟨100⟩方向的盘状结构(见图 6.18),厚度大约为 2 个原子层,直径约为 10nm。

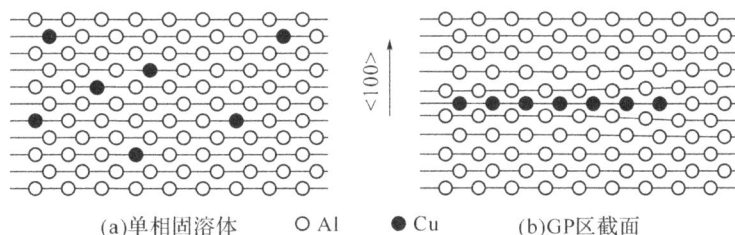

(a)单相固溶体　　○ Al　　● Cu　　(b)GP区截面

图 6.18　Al-Cu 合金(200)面原子排列

θ'' 相和 θ' 相都是 Al-Cu 合金中的亚稳相。如图 6.19(a)所示,θ'' 相为四方结构,其晶胞相当于在两个叠起来的 α 相晶胞中,上下两层原子被 Cu 原子取代。纯铝 fcc 结构的 α 相晶胞边长为 4.04Å。由于 Cu 原子尺寸略小于 Al 原子,在 c 轴方向(相对于两个 α 相晶胞尺寸)有 5% 的差异,但 a、b 轴两个方向的尺寸和 α 相完全相同,所以 θ'' 相在所有方向上能够与基体 α 相保持共格关系,界面能很小。在 Al-Cu 合金中,θ'' 相通常呈圆盘状,对

应于其 c 轴方向的厚度约为 10nm，直径可达 100nm。

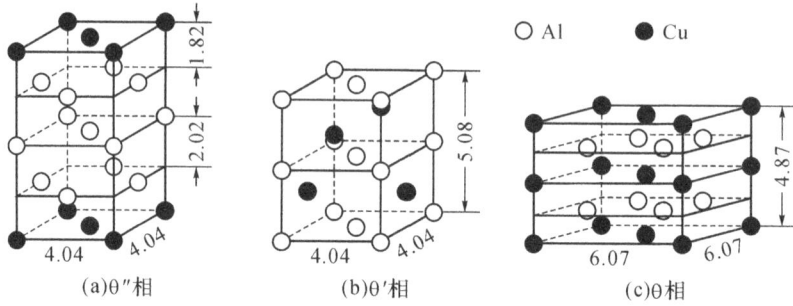

○ Al　● Cu

(a)θ″相　　(b)θ′相　　(c)θ相

图 6.19　Al-Cu 合金中第二相的晶体结构(图中晶胞参数单位都是 Å)

θ' 相也是四方结构，成分接近于 Al_2Cu，如图 6.19(b)所示。θ' 相晶胞的 a、b 轴方向的尺寸和基体 α 相相同，但在 c 轴方向上差异较大。Al-Cu 合金中的 θ' 相具有片状结构，长宽方向尺寸在 $1\,\mu m$ 量级，厚度在 $100\,nm$ 左右。在 θ' 片的厚度方向(对应于 c 轴方向)，由于和基体 α 相之间的晶胞尺寸差异较大，不能形成共格关系。根据图 6.19(b)给出的点阵参数，在对应于 θ' 相(001)面的板面上，可以和 α 相形成共格关系。但随着 θ' 板片的长大，受周边应力场的影响，这种共格关系可能会逐渐丧失。

θ 相是 Al-Cu 合金中的热力学稳定中间相，如图 6.19(c)所示，具有复杂的体心四方晶体结构，成分接近于 Al_2Cu。θ 相与基体 α 相之间在所有晶面上都不具有尺寸相近的关系，因此和基体之间只能形成非共格界面。

图 6.20 是 Al-Cu 二元合金的自由能曲线和局部相图的示意图。在图 6.20(a)给出的 T_1 时的自由能曲线示意图中，GP 区由于晶体结构等同于 α 相，所以 GP 区和 α 相自由能在同一条曲线上。在各种富 Cu 相(微区结构)中，GP 区的自由能最高，亚稳相 θ'' 相和 θ' 相依次降低，稳定相 θ 相的自由能最低。富 Cu 相自由能的高低，决定了基体 α 相自由能曲线上的共切点位置，即与不同的富 Cu 相平衡的 α 相成分。在图 6.20(b)中，除了平衡相图中(θ 相平衡的)α 相的固溶度曲线以外，还添加了与亚稳相 θ' 相、θ'' 相和 GP 区平衡的 α_3、α_2 和 α_1 的固溶度示意曲线(即图中的虚线)。图 6.20(b)中这些固溶度曲线与 T_1 等温线的交点分别对应于图 6.20(a)中的共切点成分，即在 T_1 温度时分别与 GP 区、θ'' 相、θ' 相和 θ 相平衡的基体相成分为 x_1、x_2、x_3 和 x_4。

对原始成分为 x_0 的合金，当分别分解为 $\alpha(x_1)+$ GP 区、$\alpha(x_2)+\theta''$、$\alpha(x_3)+\theta'$ 和 $\alpha(x_4)+\theta$ 后，系统摩尔自由能将从图 6.20(a)中的 G_0 点分别降低到 G_1、G_2、G_3 和 G_4 点。如果仅仅从热力学角度考虑，则 x_0 直接分解为 $\alpha(x_4)+\theta$ 的相变驱动力最大。但事实上，过饱和 Al-Cu 合金的析出过程通常倾向于首先形成 GP 区，然后依次析出 θ'' 相和 θ' 相，最后才是稳定相 θ 相的析出，其原因主要是界面能对形核过程的阻碍作用。正如我们在 6.1 节中曾讨论的(参见图 6.4)，在固态相变形核过程中，由于界面能的作用，核心必须大于临界尺寸 r^*，并需要克服形核势垒 ΔG^*。根据(6.9)式和(6.10)式，临界形核尺寸正

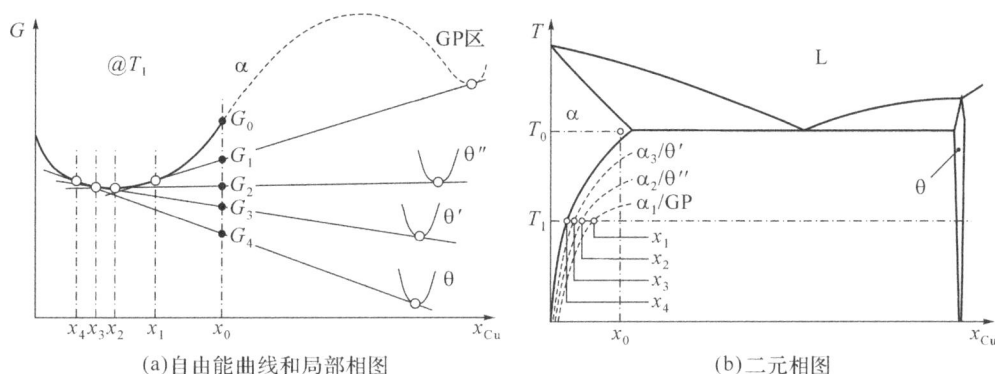

图 6.20　Al-Cu 二元体系的自由能曲线和局部相图

比于界面能 r^*,形核势垒高度与界面能 γ 的三次方成正比。因此,新相与母相之间的界面能越大,核心尺寸和需要克服的形核势垒也越大。如前所述,在 Al-Cu 合金中,GP 区具有和基体相同的晶体结构,因此 GP 区和 α 相之间的界面能几乎可以忽略;θ'' 相和 α 相之间具有完全的共格关系,界面能也很小;θ' 相(至少在没有长大时)和 α 相之间有一个晶面可以形成共格界面,所以界面能也低于完全非共格的 θ/α 界面。这样,当过饱和 α 相中形成 GP 区时,临界尺寸和需克服的形核势垒都很小,而直接析出 θ'' 相、θ' 相和 θ 相的临界尺寸和形核势垒依次增加。

　　根据上面的分析,对如图 6.20(b)所示成分为 x_0 的合金,经 T_0 温度均匀化处理得到 α 单相组织,淬火到室温,然后再重新加热到 T_1 温度,将随保温时间依次发生如下反应:

$$\alpha_0 \rightarrow \alpha_1 + \text{GP} \rightarrow \alpha_2 + \theta'' \rightarrow \alpha_3 + \theta' \rightarrow \alpha_4 + \theta \qquad (6.38)$$

　　也就是说,过饱和 α 相中的 θ 相析出过程被分解为四个势垒更低的"子过程"(见图 6.21),从而降低相变过程的阻力。

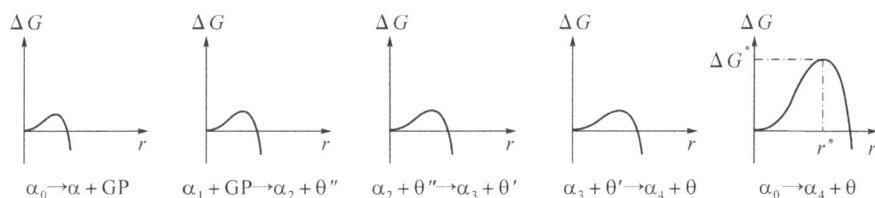

图 6.21　沉淀析出及其子过程的势垒

　　过饱和 α 相在时效过程中的反应,除了(6.38)式所表示的随时间顺序以外,还受到相变温度的控制。根据相图基本知识,GP 区、θ'' 相和 θ' 相只可能在图 6.20(b)中对应于不同亚稳相的固溶度曲线以下的温度范围内才能形成。在高于固溶度曲线的温度范围内,这些亚稳结构和亚稳相将不再存在。

　　温度和时间对相变过程的影响,可以用 TTT 图(time-temperature-transformation)描述。

图 6.22(b)是一种典型的 TTT 图,它给出了成分为 x_0 的 Al-Cu 合金在不同温度(纵坐标)下 GP 区、亚稳相和稳定相的开始析出时间(横坐标)。由图可见,在较低的温度时(T_1 以下),成分为 x_0 的过饱和固溶体中将首先形成 GP 区,随着时间的推移,(理论上)将依次析出亚稳相 θ'' 相、θ' 相和稳定相 θ 相。注意,图 6.22(b)中的横坐标是对数时间,所以在室温附近或略高于室温时,稳定相 θ 相的析出需要非常长的时间。当温度更高时,由图 6.22 可以知道,如果时效温度分别高于 T_1、T_2 和 T_3 时,x_0 成分的合金中将分别直接析出 θ'' 相、θ' 相和 θ 相。当然,如果温度高于 T_4,则系统处于 α 相区,不会发生沉淀析出反应。

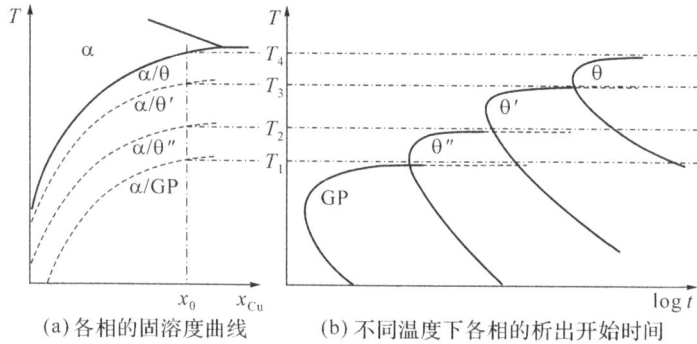

(a) 各相的固溶度曲线　　　　　(b) 不同温度下各相的析出开始时间

图 6.22　Al-Cu 合金 GP 区和各相的固溶度曲线和不同温度下的析出开始时间

　　通过时效处理提高材料的强度是工业上常用的一种技术手段。时效处理的温度通常明显低于稳定相的析出温度,特别是 GP 区的形成温度更低,例如 Al-Cu 合金在 100℃左右的相对低温下时效处理就可能形成 GP 区。其原因除了上面提到的 GP 区形核势垒较低以外,空位也起到了关键作用。从动力学角度考虑,GP 区的形成依赖于原子的扩散,而与 GP 区相关的原子扩散属于速度很慢的置换型原子的扩散。时效处理之前的高温均匀化和淬火处理,在材料中引入了大量过饱和空位。这些空位的存在显著提高了材料中的原子扩散速度,从而使较低时效温度下形成 GP 区。

6.4.2　调幅分解

　　在前面讨论的相变过程中,包括第 5 章的凝固过程和本章第 6.2.1、6.2.2 节的过饱和固溶体沉淀析出过程,新相的形成都需要一个形核过程以克服新相形成时的势垒 ΔG^*(见图 5.2 和图 6.4),其热力学原因在于这些相变体系的自由能-成分曲线都是二阶导数 $\dfrac{\mathrm{d}^2 G}{\mathrm{d} x^2} > 0$ 的下凹曲线。但正如我们在第 1.3.1 节中曾讨论过的,在一些特殊体系的某个成分区间内,当温度不太高时,局部自由能-成分曲线可能表现为向上凸,即自由能关于成分的二阶导数 $\dfrac{\mathrm{d}^2 G}{\mathrm{d} x^2} < 0$。如图 2.4(b)所示的 Au-Ni 二元体系在 600℃时的自由能曲线就是实例之一。

考虑一个抽象的 A-B 二元体系,假设其在温度 T_1 时的自由能曲线如图 6.23 所示,其中 M_1 和 M_2 是两个共切点(binodal),K_1 和 K_2 是自由能曲线上 $\dfrac{d^2G}{dx^2}=0$ 的两个拐点(spinodal)。我们知道,成分位于共切点 M_1 和 M_2 之间的固溶体在 T_1 温度下都是不稳定的,最终将分解为对应于这两个共切点成分的两个相。但我们不妨先分析一下,当共切点 M_1 和 M_2 之间某个成分为 x 的固溶体分解为 $x-\Delta x$ 和 $x+\Delta x$ 两个成分差异较小(Δx 较小)的部分后,系统自由能的变化情况。

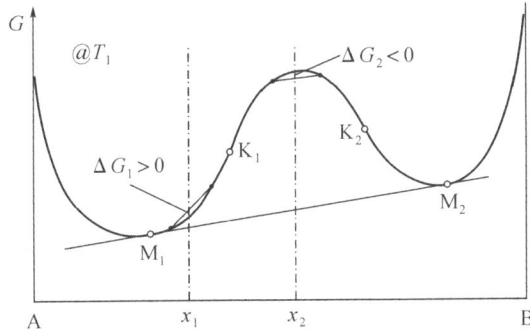

图 6.23 沉淀析出和调幅分解的自由能变化

当 Δx 较小时,我们可以在 x 附近把自由能函数 G 展开为泰勒级数,并近似到二次项:

$$G \approx G_0 + \frac{dG}{dx}\Delta x + \frac{1}{2}\frac{d^2G}{dx^2}(\Delta x)^2 \tag{6.39}$$

其中,G_0 是成分为 x 的固溶体自由能。由此,$x-\Delta x$ 和 $x+\Delta x$ 两部分的平均自由能和固溶体分解前原始自由能 G_0 的差值就是固溶体分解后的系统自由能变化:

$$\Delta G = \frac{1}{2}\frac{d^2G}{dx^2}(\Delta x)^2 \tag{6.40}$$

根据(6.40)式,固溶体分解为成分差异较小的两部分后,系统自由能的上升或下降完全取决于自由能曲线二阶导数的正负性。

对于图 6.23 中成分为 x_1 的过饱和固溶体,由于自由能曲线在 x_1 附近是二阶导数 $\dfrac{d^2G}{dx^2}>0$ 的下凹曲线,因此分解为成分差异较小的两部分后 $\Delta G_1>0$,即固溶体 x_1 发生成分波动将导致系统自由能的上升。所以成分为 x_1 的固溶体的分解需要有很大的成分起伏,即一个微小区域内的成分达到对应于 M_2 的新相成分附近。这种成分(以及相应的晶体结构)上的巨大差异,使得系统产生较大的界面能和应变能,从而需要这个微小区域的尺寸足够大,以便获得足够大的体积自由能下降,使形成一颗新相晶核后的总的自由能随这个晶核的长大而下降。这就是我们在前面讨论的形核过程。

但图 6.23 中位于两个拐点 K_1 和 K_2 之间的固溶体 x_2 处的自由能曲线是上凸的,其二阶导数 $\dfrac{d^2G}{dx^2}<0$。根据(6.40)式,固溶体 x_2 的一个微小成分波动会导致系统自由能的

下降,即如图 6.23 所示的 $\Delta G_2 < 0$。因此,这个分解过程将是自发的,并且随着成分差异的扩大,系统自由能持续下降,直到 x_2 被分解为分别对应于两个共切点(M_1 和 M_2)成分的两部分。这意味着 x_2 的分解可以不需要形核,而是直接通过处于过饱和状态下的固溶体内部微区成分起伏波动幅度的不断上升而完成,因此这种分解过程被称为"调幅分解"。由于发生调幅分解的成分范围位于自由能曲线上的两个拐点之间,所以英文称为"spinodal decomposition"。

对于具有调幅分解特征的 A-B 二元体系,如果在相图中把不同温度下自由能曲线拐点所对应的成分连接起来,就构成一个调幅分解区(spinodal region),如图 6.24(a)中的灰色区域。对于某个成分为 x_0 的 A-B 二元合金,在 T_0 温度下完成均匀化退火后,快速冷却到室温,然后把它再次加热到 T_1 温度。由图 6.24(a)可见,合金 x_0 在 T_1 温度时处于调幅分解区,将通过调幅分解形成 B 元素含量分别为 x_1 和 x_2 的 α' 相和 α'' 相。

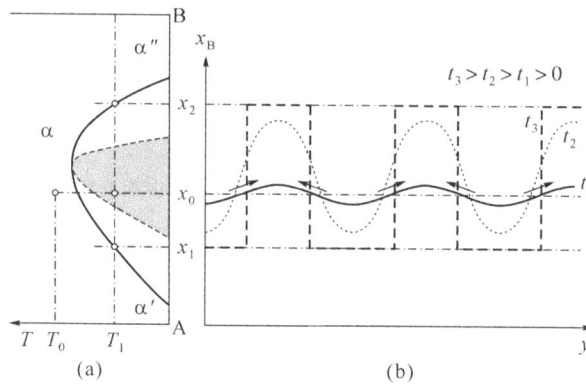

图 6.24　相图中的调幅分解区(灰色区域)和调幅分解过程

图 6.24(b)是合金 x_0 在 T_1 温度调幅分解时的成分分布示意图($t_3 > t_2 > t_1 > 0$)。由于原子的无规则运动,即使在经过成分均匀化处理的固溶体中,也会存在局部的成分差异,即成分起伏。假设在调幅分解初期(t_1 时),这种成分起伏如图 6.24(b)中的实线所示,由于进一步扩大这种成分起伏可以降低系统的自由能(见图 6.23 中的自由能曲线),系统中的 B 原子将从浓度较低的区域向高浓度区域扩散,如图 6.24(b)中的小箭头所示,而 A 原子相应地向相反方向扩散,即发生原子向高浓度方向扩散的"上坡扩散"(参见4.1.1 节中的相关讨论)。调幅分解是发生上坡扩散的典型机制之一。上坡扩散将持续扩大系统中相邻微区之间的成分差异,直到整个分解过程完成。图 6.24(b)中的圆点线是 t_2 时的成分分布示意曲线,虚线是分解过程完成后(t_3 时)的成分分布曲线。

在给定的温度等环境条件下,除了原子互扩散系数以外,调幅分解的速度取决于系统中成分波动区的尺寸。这个尺寸可以粗略地用如图 6.24(b)所示的成分波动曲线的波长 λ 来定义。λ 的数值越小,意味着分解过程中原子扩散的距离越短,从而分解速度越快。同时,由图 6.24(b)我们还注意到,这个波长 λ 在调幅分解过程中实际上是不变的。这意味着,如果 λ 非常小,则分解过程完成后可以获得非常细小的两相复合组织。这对于纳米复合材料的合成制备可能是非常有用的。

　　但这并不意味着可以通过调幅分解获得尺寸任意小的两相复合材料。事实上,过饱和固溶体中若干个原子范围内的成分起伏不可能启动调幅分解过程,而只有那些尺寸大于最小波长的成分起伏微区才能进一步扩大其成分波动差异而发生调幅分解过程。存在这样一个最小波长的热力学原因在于成分波动所造成的相邻区域之间的"梯度界面能"和"共格应变能"。[15]定性分析,原始成分处的自由能曲线二阶导数绝对值、成分变化引起的晶格常数变化率和材料的泊松比越大,能产生调幅分解的最小波长越小。

　　调幅分解过程和形核长大过程的另一个差异在于:在调幅分解过程中,成分波动幅度不断扩大而波动空间尺寸相对变化不大;而形核长大过程是一个晶核不断长大从而晶粒尺寸不断提高的过程。因此,在固溶体分解过程完成以后,通过调幅分解过程形成的微观组织尺寸主要取决于初期的成分波动区尺寸(即成分起伏波长);而形核长大过程机制完成后的微观组织尺寸取决于系统中的形核数量(或晶核密度)。通常,调幅分解的成分起伏波长远远小于形核长大过程中晶核之间的距离,因此调幅分解可能形成非常细小,特征尺寸在数十纳米甚至以下的微观组织。利用这一特征,在具有调幅分解特征的材料中,可通过合适的热处理工艺获得纳米组织。

6.5　三元系中的扩散与固态相变

6.5.1　三元系的自由能和相图特征

　　三元系有两个独立的成分变量,所以等温等压条件下的自由能变量和成分之间的关系需要用三维空间中的曲面描述。图 6.25(a)是 A-B-C 三元固溶体在 T_0 温度时的自由能示意图。在靠近组元 A 的地方,α 相的自由能较低。随着 B、C 成分的增加,在离开 A 角稍远的区域内,β 相的自由能较低。图 6.25(a)中的 P、Q 点是某个平面(共切面)在自由能曲面 G^α、G^β 上的一对共切点。由于 G^α、G^β 都是曲面,可以想象得出,共切点 P、Q 的位置并不是唯一的,而是随着共切面的移动和倾斜,变更其切点位置。事实上,根据相律,当三元体系在恒温恒压条件下处于两相平衡时,还存在一个自由度。在图 6.25 的示意例中,这个自由度就表现为 P、Q 共切点位置的非唯一性特征。图 6.25(a)中的穿越 P、Q 点实线(通常不是直线)示意性地表示共切点位置的移动轨迹。如果把这一对公切线移动轨迹投影到下面的成分坐标系中,就构成了三元相图水平(恒温)截面中的固溶度线,如图 6.25(b)所示的 α 相和 β 相的相界线。

　　如果某个三元固溶体 x_0 的成分处于 T_0 温度时 α 相和 β 相之间的两相区中,则将分解为 α+β 两相。由于系统在这种状态下有一个自由度,这两个相的成分 x^α 和 x^β 既不是唯一的,也不是完全独立的,而是可以协同变化的,当其中一个相的成分沿图 6.25(b)中的固溶度线移动时,另一个相的成分也沿其固溶度线移动。这种两相成分之间的协同性,在相图等温

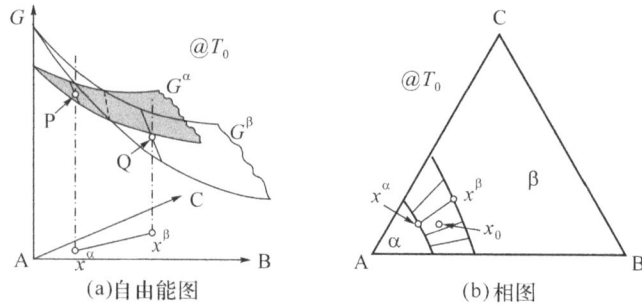

(a)自由能图　　　　　　　　　(b)相图

图 6.25　某简单三元固溶体 T_0 温度时的自由能图和相图

截面中用两相区的"共轭线"(tie-lines)表示,如图 6.25(b)两相区中的细直线所示。需要指出的是,当固溶体 x_0 的分解过程完成并且每个相都达到各自的平衡浓度后,α 和 β 两相的成分点连线显然将通过平均成分点 x_0。但在图 6.25(b)中,x^α、x^β 只是这个分解过程中的两相界面平衡成分,所以 x^α、x^β 和系统平均成分 x_0 不一定在一条直线上。

下面两小节,我们将以合金钢这类常见的三元体系为例,分别讨论均匀化过程和过饱和固溶体分解过程。作为三元体系的合金钢,其组成元素包括 Fe、间隙型合金元素 C 和置换型合金元素如 Si、Mn 等,以下用字母 M 表示某种置换型合金元素。Fe 是合金钢的主要组成元素,我们以下也将主要着眼于相图中靠近 Fe 的区域。

6.5.2　三元固溶体的活度与均匀化过程

在二元系中我们已经看到,共晶型相图的固相线随溶质元素浓度提高而降低,因此先凝固的晶粒中溶质元素含量将低于后凝固的晶粒。在共晶型三元系中也同样,即使是单相合金,凝固时间先后不同的区域中合金元素和碳的浓度也是不同的。为了获得成分均匀的材料,需要在凝固完成后进行长时间的均匀化热处理。作为一种简化处理,我们考虑两块成分不同并焊接在一起的材料,讨论成分均匀化过程中两块材料之间的扩散问题。

假设焊接在一起的两块材料（Ⅰ、Ⅱ）中,合金元素和碳的原始含量分别为 x_{M1}、x_{C1} 和 x_{M2}、x_{C2}。经过足够长时间均匀化热处理后,两块材料最终将达到系统的平均成分,即图 6.26 中 O 点所对应的成分。显然,在这个均匀化过程中,两块材料各自的平均成分变化路线一般不会如图 6.26(a)所示那样直接向 O 点靠近。原因是在合金钢中,作为间隙原子的 C 的扩散速度比置换型合金元素 M 快得多。例如,在 1150℃ 的面心立方 γ 相合金钢中,C 的扩散系数可达到 $10^{-10}\,\mathrm{m^2/s}$ 以上,而 Ni、Cr、Mn 等置换型合金元素的扩散系数都只有 $10^{-14}\,\mathrm{m^2/s}$ 数量级甚至更低,即使是尺寸较小的置换型元素 Si 的扩散系数也比 C 低两个数量级。因此,在合金钢的均匀化扩散过程中,C 将首先完成均匀化扩散过程,而合金元素的均匀化将需要长得多的扩散时间。这样,我们可以把整个均匀化过程分为如图 6.26(b)所示的两个阶段。

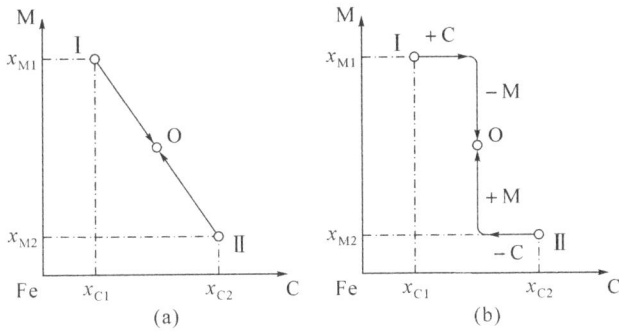

图 6.26 Fe-M-C 三元系扩散过程

第一阶段主要表现为 C 的均匀化,即图 6.26(b)中试块Ⅰ的增碳(+C)过程和试块Ⅱ的减碳(-C)过程。虽然此时 M 也在发生扩散,但其速度非常慢,两个试块中的 M 含量在这个阶段几乎没有可察觉的变化。当两个试块中的 C 含量接近平均成分后,C 的扩散逐渐停止,但 M 的扩散还在继续缓慢进行,此时系统的均匀化过程进入了第二个阶段。第二个阶段主要表现为合金元素 M 的均匀化,即图 6.26(b)中试块Ⅰ的 M 含量降低(-M)过程和试块Ⅱ的 M 含量上升(+M)过程。由于合金元素的扩散速度比碳慢得多,所以这个阶段又称为"均匀化慢速阶段",相应地第一个阶段称为"均匀化快速阶段"。

在上面关于图 6.26 的均匀化过程的讨论中,我们实际上忽略了合金元素浓度对 C 在合金钢中的活度的影响。由于扩散的驱动力来源于化学位的差异(或者活度的差异),大多数实际固溶体都不能近似为理想溶液,因此需要用活度代替浓度来讨论均匀化过程的扩散问题。例如,在 Fe-Mn-C 三元系合金钢中,Mn 含量上升会降低 C 的活度。因此在图 6.27(a)的(垂直坐标系)三元相图等温截面中,C 的等活度线是向右上方倾斜的。考虑高 Mn 低 C 的试块Ⅰ和低 Mn 高 C 的试块Ⅱ之间的均匀化扩散,如图 6.27(b)所示,由于 C 在合金钢中的扩散系数远远大于 Mn 的扩散系数,因此在初期主要表现为试块Ⅰ的增碳扩散和试块Ⅱ的减碳扩散,两个试块的成分点几乎水平相向移动。值得注意的是,当Ⅰ、Ⅱ两个试块的成分点分别到达图 6.27(b)中的 A 点和 B 点时,即两个试块中的碳含量达到相同浓度时,以 C 的扩散为主要特征的"均匀化快速阶段"还没有结束。此时,A、B 虽然都处在同一条 C 等浓度线上,但 C 的活度是不同的。A 点由于 Mn 含量高而 C 活度低,B 点由于 Mn 含量低而 C 活度高。反映在图 6.27(b)中,A 点在通过平均成分点 O 的 C 等活度线左侧,而 B 点在等活度线的右侧。由于活度的差异,在Ⅰ、Ⅱ两块材料达到相同 C 浓度后,扩散还将继续进行。试块Ⅰ继续增碳,试块Ⅱ继续减碳,直到两者的 C 活度接近相等,成分点到达 C 的等活度线附近,均匀化快速阶段才结束。此后,均匀化过程逐渐转向由 Mn 扩散主导的慢速阶段。在这个阶段,随着试块Ⅰ中 Mn 含量的缓慢降低和试块Ⅱ中 Mn 含量的提高,C 在两个试块中的活度也随之变化,从而导致 C 朝着和快速阶段相反的方向扩散。两个试块的成分点沿着同一条等活度线向最终的平均成分点 O 移动,如图 6.27(b)所示。

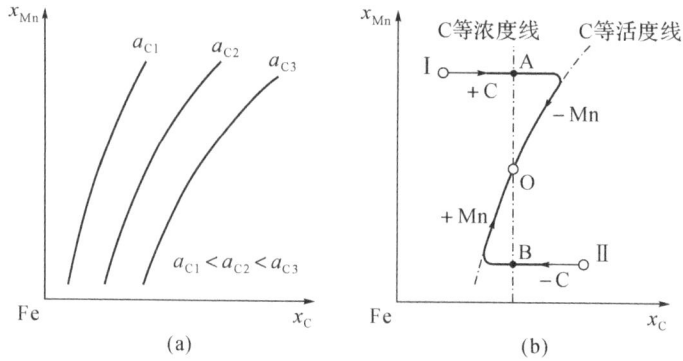

图 6.27 Fe-Mn-C 三元系中的均匀化扩散过程

合金钢中不同的合金元素对 C 的活度具有不同的影响。例如,在钢铁中 Si 对 C 活度具有和 Mn 不同的影响,增加 Si 含量将提高 C 的活度,因此在 Fe-Si-C 三元相图等温截面中,C 的等活度线是向左上方倾斜的。对如图 6.28(a)所示的高 Si 低 C 试块 I 和低 Si 高 C 试块 II 组成的扩散系统,在经过初期一段时间的试块 I 增碳和试块 II 减碳的扩散后,虽然试块 I 中的 C 含量还明显低于试块 II,但由于 Si 含量的影响,C 在两块材料中的活度已达到基本相同。此后,系统的均匀化过程将进入由 Si 扩散控制的慢速阶段。在这个阶段,两块材料中的 C 含量将随着 Si 含量的变化而变化,两块材料的成分点沿 C 等活度线向 O 点移动,如图 6.28(a)所示。

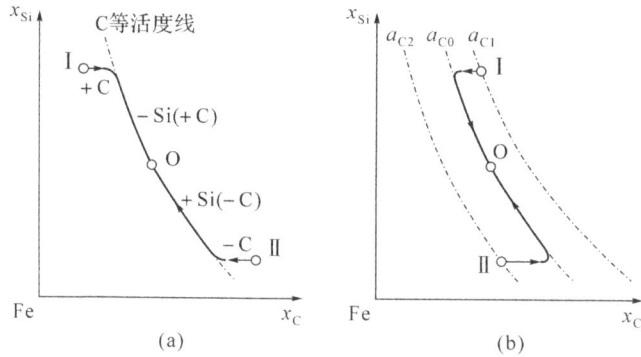

图 6.28 Fe-Si-C 三元系中的均匀化扩散过程

假如两块材料的原始 C 含量差异不大,高 Si 的试块 I 中的 C 含量只是略低于低 Si 的试块 II,则在均匀化过程的初期会发生 C 从含量较低的试块 I 向含量较高的试块 II 方向扩散的现象。如图 6.28(b)所示,由于 $x_{Si1} > x_{Si2}$,尽管 $x_{C1} < x_{C2}$,但 $a_{C1} > a_{C2}$。由此导致在均匀化快速阶段 C 从低浓度区域向高浓度区域扩散,即"上坡扩散"。

上坡扩散现象并非仅存在于特殊成分的 Fe-Si-C 系统中,在其他多元合金中也可以发现。例如,在图 6.27(b)所示的 Fe-Mn-C 均匀化扩散过程中,当试块 I 和试块 II 中的成分点分别越过 A 点和 B 点后,可以看到 C 从浓度较低试块 Ⅱ 中向 C 浓度较高的试块 Ⅰ 中扩散,直到两者的成分点到达 C 的等活度线附近为止。

6.5.3　三元系中的扩散控制沉淀析出过程

本章最后,我们讨论 Fe-M-C 三元合金中由扩散控制的过冷固溶体分解过程。假设如图 6.29 所示一个成分为 x_{M0}、x_{C0} 的 Fe-M-C 三元合金,在 γ 相(奥氏体)区的 T_0 温度完成均匀化处理后,快速冷却到并保持在(α+γ)两相区的 T_1 温度。此时系统已处于两相区,原始的 γ 相已处于过冷状态,将析出 α 相(铁素体)。

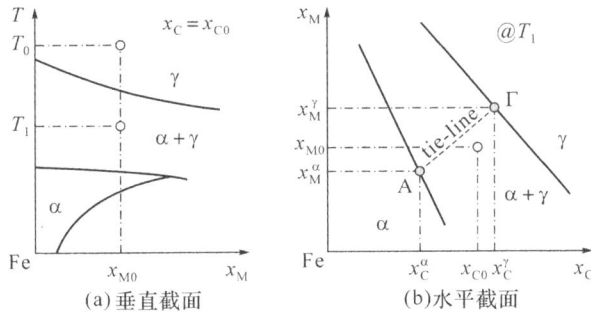

图 6.29　Fe-Mn-C 局部三元相图

假设 T_1 温度下,在成分为 x_{M0}、x_{C0} 的过冷 γ 相晶粒之间的界面处形核析出了一片厚度为 l 的 α 相薄片。根据相平衡原理,从 γ 相中析出的 α 相成分在相图中(α+γ)两相区和 α 单相区的分界线(即 α 相固溶度线)上。如果用大写希腊字母 A 表示析出的 α 相成分,则与之平衡的两相界面处 γ 相的成分在 γ 相固溶度线上用大写希腊字母 Γ 标注的地方,如图 6.29(b)所示。这里,A 和 Γ 两点受共轭线限制,只有一个自由度。如果其中一个点在固溶度线上移动,另一点将随之移动。这个剩下的自由度将由 α 相的析出过程动力学所确定。这将在下面详细讨论。

由于新相(α 相)中的合金元素和碳含量都低于 γ 相,α 相的析出过程将受 M 和 C 在 γ 相中的扩散所控制。为了讨论相变过程中的扩散问题,我们把 T_1 温度时的相图水平截面和 M、C 两种合金元素在 α/γ 两相界面附近的成分分布曲线组合在一起,如图 6.30 所示。其中,右上角的(a)图是 T_1 温度时的相图水平截面,左上角的(b)图和右下角的(c)图分别是置换型合金元素 M 和间隙型合金元素 C 在 α/γ 两相界面附近的成分分布曲线。注意,(b)图和(c)图中的距离坐标 y 在物理空间中代表了同一个对象。

我们首先讨论图 6.30(c)中 C 元素的分布特征及其扩散行为。根据相图和相变过程中两相界面处的局部成分平衡原理,从过冷 γ 相中析出的 α 相中的 C 浓度为 x_C^α,另一侧 γ 相在界面处的 C 浓度为 x_C^γ,而远离 α/γ 界面的 γ 相中的成分仍然维持在原始成分 x_{C0}。这使得 γ 相中存在一个 C 浓度梯度,导致 C 原子从界面处向远处扩散。为了弥补这种扩散所引起的 α/γ 界面 γ 相中的 C 原子流失,α 相将向 γ 相方向生长,把 C 原子排斥到 γ 相

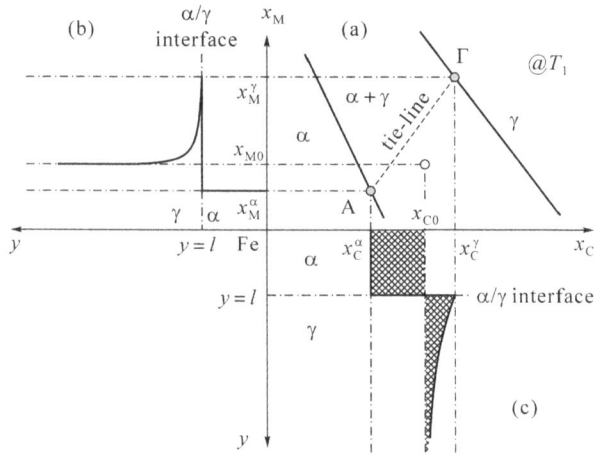

图 6.30　过冷 γ 相中析出 α 相薄片

中,以维持界面处两相成分的平衡条件。这种界面附近的局部平衡,和我们在前面第 6.2.1 节讨论的情况类似,是一种和新相生长关联的动态平衡。新相生长的速度受这种动态的局部平衡所控制。

一方面,假设在 dt 时间内,单位面积的片状 α 相厚度从 l 增长到 $l+dl$。根据 C 原子在界面附近的浓度平衡条件,α 相生长时从界面处向 γ 相中排出的 C 原子摩尔数为:

$$M_1 = (x_C^\gamma - x_C^\alpha)dl/V_m^\alpha \tag{6.41}$$

另一方面,根据菲克第一定律,在单位面积、dt 时间内,γ 相中从界面附近向远处扩散的 C 原子摩尔数为:

$$M_2 = -D_C^\gamma(dx_C/dy)dt/V_m^\gamma \tag{6.42}$$

其中,V_m^α 和 V_m^γ 分别是 α 相和 γ 相的摩尔体积。在(6.41)式和(6.42)式的等号右边的浓度 x 是无量纲的摩尔分数,因此需要除上摩尔体积以转换为单位体积摩尔数。

对(6.42)式中的浓度梯度 dx_C/dy,采用和第 6.2.1 节中类似的处理方法。根据质量守恒定律,图 6.30(c)中两块阴影面积应相等。同时把 γ 相浓度分布曲线近似看作直线,可以得到:

$$\frac{dx_C}{dy} \approx -\frac{1}{2l}\frac{(x_C^\gamma - x_{C0})^2/V_m^\gamma}{(x_{C0} - x_C^\alpha)/V_m^\alpha} \tag{6.43}$$

考虑到在相同温度下,体心立方 α 相合金钢的摩尔体积仅比面心立方 γ 相合金钢的摩尔体积大 1% 左右,因此可以忽略 V_m^α 和 V_m^γ 之间的差异。这样,根据(6.41)式和(6.42)式相等的溶质守恒条件,并利用(6.43)式给出的浓度梯度近似表达式,可以得到:

$$\frac{dl}{dt} = \frac{D_C^\gamma}{2l}\frac{(x_C^\gamma - x_{C0})^2}{(x_C^\gamma - x_C^\alpha)(x_{C0} - x_C^\alpha)} \tag{6.44}$$

类似地,根据图 6.30(b)中 M 元素的分布特征及其扩散行为,我们可以获得:

$$\frac{dl}{dt} = \frac{D_M^\gamma}{2l}\frac{(x_M^\gamma - x_{M0})^2}{(x_M^\gamma - x_M^\alpha)(x_{M0} - x_M^\alpha)} \tag{6.45}$$

在(6.44)式、(6.45)式中,扩散系数 D_C^γ 和 D_M^γ 是可以从相关手册中查到的或者可以通过其他方法测量得到的,材料中 C 和 M 的原始浓度 x_{C0} 和 x_{M0} 是已知的。还需要确定 4 个未知参数,即 C 和 M 在 α/γ 相界处的浓度 x_C^α、x_C^γ 和 x_M^α、x_M^γ,才能给出 α 相生长速度 $\mathrm{d}l/\mathrm{d}t$。这 4 个参数不是相互独立的。相图提供了 3 个限制条件:图 6.30(a)中的 $A(x_C^\alpha, x_M^\alpha)$ 点和 $\Gamma(x_C^\gamma, x_M^\gamma)$ 点分别在 α 相和 γ 相的固溶度线上,同时 A 点和 Γ 点在同一条共轭线的两端。(6.44)式、(6.45)式中剩下的一个自由度则由这两个表达式中的 $\mathrm{d}l/\mathrm{d}t$ 相等所确定,或者说根据 C 的扩散行为所确定的 α 相生长速度(6.44)式必须等于根据 M 的扩散行为所确定的生长速度(6.45)式。假如 C 的扩散太快,以致由(6.44)式确定的 $\mathrm{d}l/\mathrm{d}t$ 大于(6.45)式给出的 $\mathrm{d}l/\mathrm{d}t$,则图 6.30(a)中的 A、Γ 点及其共轭线将沿 α 相和 γ 相的固溶度线向左上移动。这种移动将降低 C 在两相界面处的浓度 x_C^α 和 x_C^γ,从而减小(6.44)式右边分式的值;同时提高 M 的界面浓度 x_M^α 和 x_M^γ,从而增加(6.45)式右边分式的值。这样使得两个表达式给出的 $\mathrm{d}l/\mathrm{d}t$ 满足两者相等的条件。

假设系统中析出的 α 相晶粒之间的距离很远,即两颗 α 相晶粒生长所导致的界面前方 γ 相中溶质元素富集区(见图 6.30 中的阴影区域)尚未发生重叠,则可以认为(6.44)式、(6.45)式中除了 α 相厚度 l 以外,其他变量都与时间无关,因此对(6.44)式或(6.45)式积分可得 l^2 正比于时间 t,即 α 相厚度 $l \propto t^{1/2}$。

从上面的讨论中,我们可以归纳以下几点:

首先,三元合金在存在一个自由度的两相区中发生扩散型固态相变时,界面处两个相的平衡成分除了受平衡相图给出的两相固溶度线控制以外,还受到两种溶质元素扩散系数和系统原始成分的影响。回忆前面第 5.3 节和第 6.2 节讨论的二元合金凝固过程和沉淀析出过程,我们看到,在恒温恒压条件下,当二元合金处于两相区中时,两相界面平衡成分唯一地取决于平衡相图给出的两相固溶度线,因为此时系统的自由度为零。但三元系统在恒温恒压条件下处于两相平衡时还有一个自由度,因此两相界面平衡成分还受到除相图(热力学因素)以外的溶质元素扩散(动力学因素)的影响。在图 6.30 的例子中,影响溶质元素扩散的因素包括扩散系数 D_C^γ、D_M^γ 和原始成分 x_{C0}、x_{M0}。当这些动力学因素确定后,两种元素的扩散速度将保持自洽匹配,并最终确定两相界面处的平衡成分。

其次,在三元合金的扩散控制固态相变过程中,我们前面在讨论二元合金时得出的一些结论也同样适用。例如,相变是系统趋向于自由能降低的一个过程,在相变过程中系统尚未达到平衡状态,但两相界面处的成分始终处于局部的动态平衡中。又如,无论是二元合金还是三元合金(甚至更多元合金),大部分扩散型相变过程的新相生长速度是受母相中的扩散速度所控制的。[①]

---

① 包晶型反应是一个例外。包晶、包析反应的新相生长速度更主要的是受到穿越新相的扩散速度控制。

6.6　思考题

1.在图 6.11 的讨论中,我们发现 β 相析出物表面的弯曲对界面另一侧 α 相中的平衡浓度产生了影响。请思考:

(1)在什么情况下,弯曲界面对 α 和 β 两个相的平衡成分都会产生影响,并画一张类似于图 6.11 的示意图(包括自由能曲线图和相图)辅助说明。

(2)在相变初期,假设形成的新相晶核为球形,请定性分析新相晶核表面曲率的影响。

2.在新相生长过程中,为什么两相界面处的成分是由在界面温度下相图给出的两相平衡成分决定的? 刚形成的新相核心成分为什么可能不是平衡成分?

3.请分别解释:颗粒粗化、晶体生长、再结晶和晶粒长大。它们各自的驱动力是什么?

4.晶粒长大过程中晶界是向着曲率中心方向移动的,而再结晶过程中晶界是背向曲率中心移动的。请解释其原因。

5.Al-Cu 二元系的局部相图如图 6.8(b)所示。将 Cu 重量含量为 3% 的 Al-Cu 合金在真空感应熔炼炉中熔化后,依次做如下处理(假设所有加热保温过程都在真空或惰性气体保护下进行):①浇注凝固成铸锭;②将铸锭在 530℃ 下保温一周;③取出铸锭迅速冷却到室温;④重新加热到 180℃,并保温 1 小时;⑤升温到 300℃,并保温 2 小时;⑥在 300℃ 下继续保温两周。请问:在这 6 个处理步骤中,材料的微观组织结构发生了什么变化,每个步骤处理后的微观组织结构特征是什么?

6.凝固、沉淀析出等从高温相转变为低温相的扩散控制相变过程具有这样一个特征:相变速度随系统温度的降低(过冷度增加)先上升后下降。请:

(1)简要解释这种现象的热力学和动力学原因;

(2)以任意一个(本书不涉及的)材料为例,确定可能获得较高转变速度的热处理温度,并简要说明选择这个热处理温度的原因。

参考文献

[1] Harker D, Parker E R. Grain shape and grain growth[J]. *Transactions of American Society for Metals*, 1945(34):156-201.

[2] 赵新兵, 吴锦波, 黄宪圭. 金属液体表面张力及在石墨上的接触角的测量[J]. 浙江大学学报(工学版), 1987, 21(5):137-145.

[3] Hasson G C, Goux C. Interfacial energies of tilt boundaries in aluminium: experimental and theoretical determination[J]. *Scripta Metallurgica*, 1971, 5(10): 889-894.

[4] Brandon D G. The structure of high-angle grain boundaries[J]. *Acta Metallurgica*, 1966, 14(11):1479-1484.

[5] Brandon D G, Ralph B, Ranganathan S, et al. Field ion microscope study of atomic configuration at grain boundaries[J]. *Acta Metallurgica*, 1964, 12(7):813-821.

[6] Gleiter H. The stucture and properties of high-angle grain boundaries in metals[J]. *Physica Status Solidi B-Basic Research*, 1971, 45(1):9-38.

[7] Turnbull D, Cech R E. Microscopic observation of the solidification of small metal droplets[J]. *Journal of Applied Physics*, 1950, 21(8):804-810.

[8] Zener C. Theory of growth of spherical precipitates from solid solution[J]. *Journal of Applied Physics*, 1949, 20(10):950-953.

[9] Wagner C. Theorie der alterung von niederschlagen durch umlosen (Ostwald-reifung) [J]. *Z Elektrochem*, 1961, 65(7-8):581-591.

[10] Lifshitz I M, Slyozov V V. The kinetics of precipitation from supersaturated solid solutions[J]. *Journal of Physics and Chemistry of Solids*, 1961, 19(1-2):35-50.

[11] Ostwald W. Studien über die bildung und umwandlung fester Körper[J]. *Z Physik Chem*, 1897, 22:289-330.

[12] 毛卫民, 赵新兵. 金属的再结晶与晶粒长大[M]. 北京:冶金工业出版社, 1994.

[13] von Neumann J. *Metal Interfaces*[M]. Ohio:American Society for Metals, 1952:108-110.

[14] Hillert M. On theory of normal and abnormal grain growth[J]. *Acta Metallurgica*, 1965, 13(3):227-238.

[15] Porter D A, Easterling K E. *Phase Transformations in Metals and Alloys*[M]. 2nd Edition. London: Chapman & Hall, 1992.